纪念反法西斯战争胜利70周年精品献礼

A COLLECTION OF WORLD CLASSIC WEAPONS

世界经典武器装备

海战武器

李斌◎主编

中国经济出版社
CHINA ECONOMIC PUBLISHING HOUSE
·北京·

图书在版编目（CIP）数据

经典海战武器装备/ 李斌主编.

北京：中国经济出版社，2015.6

（世界经典武器装备系列）

ISBN 978-7-5136-3737-4

Ⅰ. ①经… Ⅱ. ①李… Ⅲ. ①海军武器—世界—普及读物 Ⅳ. ①E925-49

中国版本图书馆CIP数据核字（2015）第039180号

责任编辑 丁 楠

责任审读 贺 静

责任印制 马小宾

封面设计 久品轩

出版发行 中国经济出版社

印 刷 者 北京科信印刷有限公司

经 销 者 各地新华书店

开 本 787mm × 980mm 1/16

印 张 27.5

字 数 347千字

版 次 2015年6月第1版

印 次 2015年6月第1次

定 价 158.00元

广告经营许可证 京西工商广字第8179号

中国经济出版社 网址www. economyph.com 社址 北京市西城区百万庄北街3号 邮编100037

本版图书如存在印装质量问题，请与本社发行中心联系调换（联系电话：010-68330607）

编委会

主　　编　李　斌

副 主 编　崔晓晖　潘　丰

编　　者　李　斌　崔晓晖

　　　　　潘　丰　穆祥静

前 言

战争是人类亘古以来永恒的话题，遏制战争并最终消灭战争是人类的最高愿望。在和平与发展仍然是当今世界主题的时代背景下，其实世界并不太平，战火从未间断，战争的风险依旧存在。因此，热爱和平，我们必须研究战争。

战争是一门高深的艺术，研究战争的方法多种多样。从武器装备入手，了解武器装备的作用机理、武器装备的历史演变、武器装备在战争中的运用，是认识战争、剖析战争的不二捷径。

本系列丛书从武器装备的起源说起，精心挑选了具有代表性的经典武器装备加以详尽介绍，并通过生动的事例讲述了主要武器装备在战争以及重大事件中的具体运用，期望为读者朋友提供一个了解武器装备，研究武器装备，提高武器装备鉴赏能力的全新平台。

经典
海战武器装备

目 录

第一章 航空母舰

一、航空母舰概述……003

（一）航空母舰的历史……004

（二）航空母舰的分类……007

（三）航空母舰的特点……008

（四）航母地勤人员服装颜色……009

（五）航空母舰的未来……010

二、经典航空母舰……011

（一）美国“小鹰”级航空母舰……012

（二）美国“尼米兹”级航空母舰……015

（三）俄罗斯“库兹涅佐夫”号航空母舰……018

（四）英国“无敌”级航空母舰……021

（五）法国“戴高乐”号航空母舰……024

（六）西班牙“阿斯图里亚斯亲王”号航空母舰……026

（七）意大利“加富尔伯爵”号航空母舰……029

（八）印度“维拉特”号航空母舰…………………032
（九）巴西“圣保罗”号航空母舰…………………035
（十）泰国“差克里·纳吕贝特”号航空母舰……038
三、航空母舰背后的故事…………………………041
偷袭珍珠港…………………………………………042

第二章　战列舰

一、战列舰概述……………………………………047
（一）战列舰的起源………………………………048
（二）战列舰的分类………………………………050
（三）战列舰的特点………………………………051
二、经典战列舰……………………………………053
（一）英国“无畏”级战列舰……………………054
（二）德国“拿骚”级战列舰……………………056
（三）英国“伊丽莎白女王”级战列舰…………058
（四）美国“内华达”级战列舰…………………061
（五）日本“长门”级战列舰……………………063
（六）美国“田纳西”级战列舰…………………066
（七）法国“黎塞留”级战列舰…………………069
（八）德国“俾斯麦”级战列舰…………………072
（九）日本“大和”级战列舰……………………075
（十）美国“依阿华”级战列舰…………………078
三、战列舰背后的故事……………………………081
击沉“俾斯麦”……………………………………082

第三章　巡洋舰

一、巡洋舰概述……087

（一）巡洋舰的历史……088

（二）巡洋舰的分类……091

（三）巡洋舰的特点……092

二、经典巡洋舰……093

（一）英国“胡德”级巡洋舰……094

（二）日本“妙高”级巡洋舰……097

（三）德国“希佩尔”级巡洋舰……100

（四）意大利“维托里奥·维内托”级直升机巡洋舰……103

（五）美国“长滩”级核动力导弹巡洋舰……106

（六）美国“弗吉尼亚”级核动力导弹巡洋舰……108

（七）苏联“卡拉”级导弹巡洋舰……112

（八）苏联“基洛夫”级核动力导弹巡洋舰……116

（九）俄罗斯“光荣”级导弹巡洋舰……119

（十）美国“提康德罗加”级导弹巡洋舰……122

三、巡洋舰背后的故事……125

阿根廷痛失“贝尔格拉诺将军”号……126

第四章　驱逐舰

一、驱逐舰概述……131

（一）驱逐舰的历史……132

（二）驱逐舰的分类……134

（三）驱逐舰的特点……135

（四）驱逐舰的未来 …… 136

二、经典驱逐舰 …… 137

（一）美国“斯普鲁恩斯”级驱逐舰 …… 138

（二）美国“阿利·伯克”级驱逐舰 …… 142

（三）俄罗斯“现代”级驱逐舰 …… 145

（四）俄罗斯“无畏”级驱逐舰 …… 148

（五）英国“谢菲尔德”级驱逐舰 …… 151

（六）英国“勇敢”级驱逐舰 …… 154

（七）法国和意大利“地平线”级驱逐舰 …… 157

（八）日本“金刚”级驱逐舰 …… 160

（九）日本“高波”级驱逐舰 …… 163

（十）韩国“世宗大王”级驱逐舰 …… 166

三、驱逐舰背后的故事 …… 169

围猎“羽黑”号 …… 170

第五章　护卫舰

一、护卫舰概述 …… 177

（一）护卫舰的历史 …… 178

（二）护卫舰的分类 …… 179

（三）护卫舰的特点 …… 180

（四）护卫舰的未来 …… 181

二、经典护卫舰 …… 183

（一）美国“诺克斯”级护卫舰 …… 184

（二）美国“佩里”级护卫舰 …… 187

（三）英国“大刀”级护卫舰 …… 189

（四）英国“公爵”级护卫舰 …… 192
（五）法国“拉斐特”级护卫舰 …… 194
（六）俄罗斯“克里瓦克”级导弹护卫舰 …… 197
（七）日本“阿武隈”级护卫舰 …… 200
（八）印度“什瓦里克”级护卫舰 …… 202
（九）南非“勇猛”级护卫舰 …… 205
（十）西班牙“阿尔瓦罗·迪巴赞”级护卫舰 …… 207
三、护卫舰背后的故事 …… 209
扑朔迷离的“天安”舰事件 …… 210

第六章　潜　艇

一、潜艇概述 …… 215
（一）潜艇的历史 …… 216
（二）潜艇的航行状态 …… 219
（三）潜艇的分类 …… 220
（四）潜艇的特点 …… 221
（五）潜艇的未来 …… 222
二、经典潜艇 …… 223
（一）美国“乔治·华盛顿”级战略核潜艇 …… 224
（二）美国“俄亥俄”级战略核潜艇 …… 227
（三）美国“海狼”级核潜艇 …… 230
（四）俄罗斯“台风”级战略核潜艇 …… 233
（五）俄罗斯“奥斯卡”级巡航导弹核潜艇 …… 235
（六）俄罗斯“基洛”级常规动力潜艇 …… 238
（七）俄罗斯“北风之神”级战略核潜艇 …… 241

（八）英国“前卫”级战略核潜艇……244
（九）日本“亲潮”级潜艇……246
（十）日本“苍龙”级潜艇……249
三、潜艇背后的故事……251
三艘巡洋舰瞬间命殒“U-9”……252

第七章　两栖战舰艇

一、两栖战舰艇概述……257
（一）两栖战舰艇的历史……258
（二）两栖战舰艇的分类……261
（三）两栖战舰艇的特点……262
（四）两栖战舰艇的未来……262
二、经典两栖战舰艇……265
（一）美国“硫磺岛”级两栖攻击舰……266
（二）美国“塔拉瓦”级通用两栖攻击舰……269
（三）美国“黄蜂”级两栖攻击舰……272
（四）美国“蓝岭”级两栖指挥舰……275
（五）美国“惠德贝岛”级船坞登陆舰……277
（六）美国“圣安东尼奥”级船坞运输舰……279
（七）法国“闪电”级船坞登陆舰……282
（八）法国“西北风”级两栖攻击舰……285
（九）英国“海洋”级两栖攻击舰……287
（十）日本“大隅”级登陆舰……290
三、两栖战舰艇背后的故事……293
马岛之战……294

第八章　水雷战舰艇

一、水雷战舰艇概述 ………………………………… 299

（一）水雷战舰艇的历史 ………………………… 300

（二）水雷战舰艇的分类 ………………………… 303

（三）水雷战舰艇的特点 ………………………… 304

（四）水雷战舰艇的未来 ………………………… 304

二、经典水雷战舰艇 ………………………………… 307

（一）韩国“元山”级布雷舰 ……………………… 308

（二）英国“狩猎”级扫/猎雷舰 …………………… 310

（三）英国“桑当”级猎雷艇 ……………………… 312

（四）瑞典“兰德索尔特”级猎雷艇 ……………… 315

（五）俄罗斯“索尼亚”级近岸扫/布雷舰 ………… 317

（六）俄罗斯“玛瑙”级扫雷舰 …………………… 319

（七）美国“鹗”级近海猎雷艇 …………………… 321

（八）美国“复仇者”级反水雷舰 ………………… 324

（九）法国“三伙伴”级猎雷舰 …………………… 327

（十）日本“八重山”级深海扫雷舰 ……………… 330

三、水雷战舰艇背后的故事 ………………………… 333

开辟海湾通道 ……………………………………… 334

第九章　导弹艇

一、导弹艇概述 ……………………………………… 339

（一）导弹艇的历史 ……………………………… 340

（二）导弹艇的分类 ……………………………… 341

（三）导弹艇的特点 ……………………………… 341

（四）导弹艇的未来……342

二、经典导弹艇……343

（一）苏联“蚊子”级导弹艇……344

（二）俄罗斯“黄蜂”级导弹艇……346

（三）俄罗斯“毒蜘蛛”级导弹艇……349

（四）以色列“萨尔”级导弹艇……351

（五）美国“飞马座”级导弹艇……354

（六）德国“S143”级导弹艇……356

（七）芬兰“哈米纳”级导弹艇……359

（八）挪威“盾牌星座”级导弹艇……361

（九）意大利“鹞鹰”级导弹艇……364

（十）日本“隼”级导弹艇……366

三、导弹艇背后的故事……369

（一）“蚊子”吃掉“埃拉特”……370

（二）以色列“以牙还牙”雪前耻……372

第十章　补给舰

一、补给舰概述……377

（一）补给舰的历史……378

（二）补给舰的分类……380

（三）补给方式……381

（四）后勤补给舰的特点……382

（五）补给舰的未来……383

二、经典补给舰……385

（一）美国“萨克拉门托”级综合补给舰……386

（二）美国“威奇塔”级补给舰……389
（三）美国“供应”级补给舰……392
（四）美国“基拉韦厄”级弹药补给船……395
（五）美国“亨利·J. 凯泽”级油料补给船……398
（六）美国“路易斯和克拉克”级干货弹药补给船……401
（七）英国“维多利亚堡”级综合补给舰……404
（八）法国“迪朗斯河”级远洋综合补给舰……407
（九）日本“十和田”级补给舰……410
（十）日本“摩周”级补给舰……414
三、补给舰背后的故事……417
胜利大营救……418

第一章 航空母舰

A12
A12

一、航空母舰概述

航空母舰，简称“航母”“空母”，苏联称之为“载机巡洋舰”，英文名称为 Aircraft Carrier，是一种以舰载机为主要作战武器并作为其活动基地的大型水面舰艇。航空母舰是一个庞大的系统工程，主要由航海系统、航空系统、支持系统等构成，具体包括推进系统、海上探测系统、通信系统、燃料储存系统、弹射系统、拦阻系统、飞机和武器升降机系统、氧气氮气系统、降落操作系统、清洁系统、淡水生产系统和摄影处理系统等。

航空母舰作为航母战斗群的核心，搭载有各种战斗机、攻击机、预警机、反潜机等固定翼飞机和直升机，装备有大口径火炮、防空导弹、弹炮合一系统、深水炸弹等武器，在其他舰艇的掩护和配合下，可在远离本土的情况下实施作战，是一个国家经济、科技等综合实力的集中代表，是远洋作战不可替代的重要武器装备。

（一）航空母舰的历史

自飞机问世以后，人们就在琢磨飞机是不是在舰艇上也能够进行起降。1910 年 11 月 14 日，经过改装的美国海军“伯明翰”号轻巡洋舰静静地停靠在汉普顿锚地，一架“柯蒂斯”单座双翼民用飞机停放在一条约 26 米长的木制跑道上，美国人尤金·伊利（Eugene Ely）驾驶飞机顶着狂风、艰难地从“伯明翰”号上起飞了，最后降落在一个海滩附近的广场上。

尤金驾机从“宾夕法尼亚”号上起飞

尤金驾机在“宾夕法尼亚”号上降落

1911 年 1 月 18 日，尤金·伊利驾驶飞机又成功地降落在重巡洋舰“宾夕法尼亚”号上。这两次试验成为航空母舰发展史上的里程碑，证明了飞机完全可以从军舰上起飞和降落，由此拉开了航空母舰发展的帷幕。

1917 年 3 月，英国海军决

定将正在建造中的大型巡洋舰“暴怒”号改建为航空母舰。为此，英国人将“暴怒”号的前主炮拆除，在舰体前半部加装了69.5米的飞行甲板，铺设了木制飞行跑道。改装后的“暴怒”号标准排水量19153吨，航速31.5节，可搭载10架飞机。但是，由于受舰上高耸的塔式桅杆和烟囱的影响，飞机起飞后无法返回到航空母舰上。

1917年8月2日，英国海军少校邓宁凭借着高超的驾驶技术，采用侧滑的方式，勉强地将飞机降到航行中的“暴怒”号上，开创了飞机在航行的军舰上降落的先河。但是几天以后，当邓宁再次尝试降落时，飞机翻出军舰落入海中，邓宁不幸遇难。

为此，英国人对“暴怒”号进行了再次改装，将军舰后部的主炮和桅杆拆除，在舰体后部加装了86.6米长的跑道。这样，以“暴怒”号中部上层建筑为界，前甲板用于飞机起飞，后甲板用于飞机降落。为了实现前后甲板的贯通，1917年，英国海军对正在建造中的客船“卡吉林”号进行了改装，将舰上的烟囱拆除，建成了世界上第一艘具有全通飞行甲板的航空母舰“百眼巨人”号。

1920年，美国海军开始了对运煤船“木星”号的改装工作。1922年，该船完成改装，命名为“兰利”号，编号为CV1，这是美国历史上第一艘航空母舰。该舰标准排水量11050吨，满载排水量14700吨，最大航速15节，可搭载飞机34架。1922年10月，“兰利”号进行了第一次战斗机着舰试验；1924年，编入美国海军大西洋舰队；1942年2月27日，在爪哇海被日军飞机击沉。

1918 年，英国海军开始动工兴建一种具有岛式结构的航空母舰——“竞技神”号。该舰采用封闭式舰艏和全通式飞行甲板，一个环绕着烟囱的大型舰岛位于军舰的右舷。由此奠定了现代航空母舰的基本结构，成为后来各国航空母舰的标准样板。该舰标准排水量 10950 吨，航速 25 节，载机 20 架，并装备有口径 140 毫米火炮 4 门、102 毫米火炮 4 门、47 毫米火炮 4 门，具有一定的防空作战能力。

20 世纪 30 年代，航空母舰得到了快速发展，如美国的“约克城”级、日本的“翔鹤”级、英国的“光辉”级航空母舰相继问世，世界上许多国家

美国海军第一艘航空母舰—“兰利”号

争相研制并装备有大量的航空母舰。第二次世界大战中，航空母舰得到了广泛使用，特别是在太平洋战场上，航空母舰发挥了决定性作用。

（二）航空母舰的分类

1. 按任务分类，主要有攻击型航母、反潜型航母和多用途航母。攻击型航母主要搭载战斗机和攻击机；反潜型航母主要搭载反潜直升机；多用途航母既可搭载直升机，也可搭载战斗机和攻击机。

2. 按排水量分类，主要有大型航母、中型航母和小型航母。大型航母排水量在 6 万吨级以上，其中排水量 9 万吨级以上的称为超级航母，如美国现役的航母的排水量均超过了 9 万吨；中型航母排水量为 3 ~ 6 万吨，如俄罗斯的“库兹涅佐夫”号；小型航母排水量在 3 万吨以下，如意大利的“加富尔伯爵”号。

3. 按舰载机分，主要有固定翼飞机航母和直升机航母。其中，固定翼飞机航母可搭载和起降包括传统起降方式的固定翼飞机和直升机在内的各种飞机；后者只能起降直升机或是可垂直起降的固定翼飞机，如日本的 16DDH“日向”级直升机航母。

4. 按动力装置分，主要有常规动力航母和核动力航母。常规动力航母是以蒸汽轮机作为动力源；核动力航母是以核反应堆作为动力装置，续航力超强，如美国的“尼米兹”号续航力达 80 ~ 100 万海里，更换一次核燃料可连续运行 13 年。

（三）航空母舰的特点

一是综合作战能力强。航空母舰拥有巨大的飞行甲板及机库，可搭载数十架各种飞机，如美国的“罗斯福”号航空母舰可搭载 80 架各型飞机，并装有各种导弹、大口径压制火炮、防空火炮、弹炮合一系统、深水炸弹等，而且航空母舰都以战斗群的方式遂行任务，配有若干艘潜艇、驱逐舰、护卫舰，整个战斗群集攻击和防御功能于一体，具有强大的综合作战能力。

二是目标大容易被发现。航空母舰是一个庞然大物，航母战斗群舰艇数量众多，各种舰船加在一起少则七八艘、多者十几艘，目标特征明显，雷达反射截面大，电磁、红外、音频信号数量多，很容易被对方各种探测设备发现，极易遭到鱼雷、水雷、战役战术导弹等的攻击。

三是作战能力受海洋气象条件影响较大。航空母舰是海上的一个庞然大物，具有极强的抗风浪能力，即使在 12 级风浪的海况下也能够正常航行。虽然如此，由于受风浪的影响，当风力达到 8 级，海浪超过 6 级的情况下，航空母舰上的舰载机则无法正常升空作战。

四是后勤补给能力较差。航空母舰执行作战任务时，需要携带大量的油料、弹药，以及食物、淡水等各种生活必需品，而航空母舰的承载空间是有限的，虽然核动力航母填加一次核燃料可以连续运行很多年，但是常规动力航母需要的动力燃料，以及舰载机油料消耗却大得惊人。通常情况下，核动力航母在无补给的条件下能连续作战 12 天，而常规动力航母只能维持 7 天。

（四）航母地勤人员服装颜色

为了方便相互识别，消除和减少事故隐患，维持正常的工作，地勤人员通常穿有不同颜色的衣服。以美军为例，航母地勤工作人员的服装区分有蓝、红、绿、紫、黄、白色及白底红十字等七种颜色。其中着蓝色装的主要负责给舰载机垫轮、进气口加盖等；着红色装的主要负责装弹、救生、打捞、消防等；着绿色装的主要负责控制飞机弹射器和拦阻装置，装卸货物、摄影等；着紫色装的主要负责油料补充及燃油装置；着黄色装的主要负责舰载机的起降和周围人员的安全；着白色装的主要负责舰载机的检修、充氧等；着白底红十字装的是舰上医护人员。

美军航母上的 X-47B 无人机

（五）航空母舰的未来

一是动力装置核动力化。由于核动力航母续航时间长，动力强劲，工作状态比较稳定，体积相对较小，可以腾出大量的空间用于装载航空油料、弹药以及各种补给品，有利于提高航空母舰的连续作战能力。

二是舰载机起飞弹射化。目前，航空母舰主要使用的是蒸汽弹射装置，许多国家正在研制电磁弹射等新型装置。航母加装弹射装置后，不仅有利于提高舰载机的起飞质量，还可以使舰载机有更多的空间装载油料和弹药，以便增加留空时间，增大弹药携行量。

三是舰载机短距起降和无人机化。航空母舰的作战能力在很大程度上取决于舰载机的数量。为了满足舰载机的起飞和降落，航空母舰的甲板上必须修有飞行跑道、助推装置以及拦阻装置，舰载机数量受到很大限制。而垂直短距起降飞机和无人机，由于身材矮小，对跑道长度要求不高，可以使航空母舰有更多的空间搭载更多的舰载机。

二、经典航空母舰

（一）美国“小鹰”级航空母舰

“小鹰”级航空母舰是美国建造的最后一代常规动力航空母舰，也是世界上最大的常规动力航空母舰。该级舰在“福莱斯特”级航空母舰的基础上改进而成，美国在1956年建造第5艘“福莱斯特”级航空母舰时将其命名为“小鹰”号。

“小鹰”级航空母舰共有4艘。首舰“小鹰”号，舷号CV-63，由纽约造船公司建造，1956年12月27日开工，1960年5月21日下水，1961年4月29日服役，2009年1月31日退役，2009年5月12日转入封存状态。该舰长318.5米，水线宽40米，吃水12米，飞行甲板长325.8米，飞行甲板宽86米，标准排水量62335吨，满载排水量83301吨，燃油储量7800吨，航空汽油储量5800吨，航速33节，航速30节时续航力4000海里，航速20节时续航力12000海里，舰员5624人，舰载机85架，装有3座8联装“海麻雀”舰对空导弹、2座RIM-116“拉姆”舰对空导弹发射装置、2座“密集阵”近防武器系统。

2号舰“星座”号，由布鲁克林造船厂建造，舷号CV-64，1957年9月14日开工，1960年10月8日下水，1961年10月27日服役，2003年8月6日退役。该舰长302米，水线宽40米，吃水12米，飞行甲板长332米，飞行甲板宽86米，标准排水量61170吨，满载排水量82580吨，航速34节，舰员5630人，舰载机76架（20架F-14战斗机、28架F/A-18战斗机、4架EA-6B电子战飞机、4架E-2C预警机、10架S-3A/B反潜飞机、6架“海鹰”

直升机、4 架 KA-6D 空中加油机），装有 3 座 8 联装“海麻雀”舰对空导弹、3 座“密集阵”近战武器系统。

3 号舰“美利坚”号，舷号 CV-66，由纽波特纽斯造船及船坞公司建造，1961 年 1 月 9 日开工，1964 年 2 月 1 日下水，1965 年 1 月 23 日服役，1996 年 8 月 19 日退役，2005 年 5 月 14 日在武器试验中沉没。该舰长 300 米，水线宽 39 米，吃水 12 米，飞行甲板长 319 米，飞行甲板宽 76 米，标准排水量 62156 吨，满载排水量 84914 吨，航速 34 节，舰员 5186 人，舰载机 79 架，装有 2 座 RIM-116“拉姆”舰对空导弹发射装置、2 座“密集阵”近战武器系统。

4 号舰“肯尼迪”号，舷号 CV-67，由纽约造船公司建造，1964 年 10 月 22 日开工，1967 年 5 月 27 日下水，1968 年 9 月 7 日服役，2007 年 8 月 1 日退役。该舰长 300 米，水线宽 39 米，吃水 11 米，飞行甲板长 321 米，飞行甲板宽 77 米，标准排水量 60728 吨，满载排水量 82655 吨，航速 34 节，舰员 5000 多人，舰载机 80 多架，装有 2 座 8 联装“海麻雀”舰对空导弹、2 座 RIM-116“拉姆”舰对空导弹发射装置、2 座“密集阵”近战武器系统。

“小鹰”号航空母舰从底层到舰桥顶部共有 11 层，约有 18 层楼高，总计有 2400 余个舱室。其中底部 1 ~ 4 层为燃料舱、淡水舱、武器弹药舱和轮机舱，5 ~ 6 层为舰员居住舱、食品库、餐厅和行政办公室，7 ~ 8 层为舰载机维修间、维修人员的居住仓，9 ~ 10 层为机库、战斗值班室和飞行员餐厅。甲板上部的岛式建筑共有 8 层，分别是消防、医务、通信、雷达等部门和航母战斗群的司令部。

主要参数（“小鹰”号）			
标准排水量	62335 吨	最大航速	33 节
满载排水量	83301 吨	编制人数	5624 人
舰　　长	318.5 米	动力装置	常规动力
舰　　宽	40 米	续航能力	4000 海里 /30 节，12000 海里 /20 节
吃　　水	12 米	舰 载 机	85 架
飞行甲板长	325.8 米	主要武器	3 座 8 联装“海麻雀”舰对空导弹、2 座 RIM-116“拉姆”舰对空导弹发射装置、2 座“密集阵”近防武器系统
飞行甲板宽	86 米		

美国“小鹰”级航空母舰“小鹰”号

（二）美国“尼米兹”级航空母舰

“尼米兹”级航空母舰是美国20世纪60年代后期开始建造的核动力航空母舰。该级舰以第二次世界大战期间美国海军太平洋舰队指挥官尼米兹海军五星上将的名字命名。该级舰共有10艘，均由位于弗吉尼亚州的纽波特纽斯造船厂建造，舷号依次为CVN68～CVN77。

首舰“尼米兹”号，1967年获得美国财政批准；1968年6月22日开工建造，当时造价7.25亿美元；1972年5月13日首次下水；1975年5月3日服役。2号舰“艾森豪威尔”号，1970年8月15日开工建造，1975年10月11日下水，1977年10月18日服役，造价6.79亿美元。

3号舰“卡尔·文森”号，1975年10月11日开工建造，1980年3月15日下水，1982年3月13日服役，当时造价12.8亿美元。4号舰“罗斯福”号，1981年10月31日开工，1984年10月27日下水，1986年10月25日服役。5号舰“林肯”号，1984年11月3日开工，1988年2月13日下水，1989年11月11日服役。

6号舰“华盛顿”号，1986年8月25日开工建造，1990年7月21日下水，1992年7月4日服役。7号舰“斯坦尼斯”号，1991年3月13日开工建造，1993年11月11日下水，1995年12月9日服役。8号舰“杜鲁门”号，1993年11月29日开工建造，1996年9月7日下水，1998年7月25日服役。

9号舰“里根”号，1998年2月12日开工建造，2001年3月4日下水，2003年7月12日服役，当时造价约45亿美元。10号舰“布什”号，2003年9月6日开工建造，2006年10月9日下水，2009年1月10日服役，当时造价62亿美元。

该级舰是当前航空母舰家族中最具代表性的一个成员，其排水量、舰载机数量、现代化程度远高于其他国家的航空母舰。该级舰全长332.8米，水线宽40.8米，飞行甲板宽76.8米，吃水11.3米，标准排水量87300吨，满载排水量91487吨（CVN68 ~ 71改装前，改装后97000吨；CVN72 ~ 77，102000吨），航速30节以上，续航时间20 ~ 25年，舰员5680名，配有各种雷达近10部，甲板面积相当于三个足球场大小，可搭载飞机85 ~ 90架，配备4座升降机、4台蒸汽弹射器和4条拦阻索，每20秒可以弹射1架飞机升空作战。

主要参数（“尼米兹”号）			
标准排水量	87300 吨	最大航速	31.5 节
满载排水量	91487 吨（改装前）	编制人数	5680 人
舰　　长	332.8 米	动力装置	核动力
舰　　宽	40.8 米	续航能力	80 ~ 100 万海里
吃　　水	11.3 米	舰 载 机	4 个战斗机中队（48 架 F/A-18E/F），1 个电子机中队（6 架 EA-6B），1 个空中预警机中队（4 架 E-2C），1 个反潜机中队（5~8 架 S-3B），1 个反潜直升机中队（5~8 架 SH-60F），1 个救援直升机中队，2~4 架运输直升机
飞行甲板长	332.8 米		
飞行甲板宽	76.8 米	主要武器	3 座 8 联装“海麻雀”舰对空导弹发射架，3 座 6 管 20 毫米“密集阵”近防系统

美国“尼米兹”级航空母舰“尼米兹”号

（三）俄罗斯“库兹涅佐夫”号航空母舰

“库兹涅佐夫”号航空母舰是一艘常规动力航母，由尼古拉耶夫黑海造船厂于1983年2月22日开工建造，计划代号为“1143.5”号重型航空巡洋舰，1985年12月5日下水，1991年1月21日正式服役，是俄罗斯目前唯一的一艘航空母舰，隶属于俄罗斯北方舰队，驻扎在俄罗斯西北部科拉半岛的摩尔曼斯克海军基地，舷号063。

该舰以“基辅”级航空母舰为基础，先后有“苏联”号、“克里姆林宫”号、“布里兹涅夫”号、“第比利斯”号等多个名字，1991年以苏联海军

主要参数			
标准排水量	53000 吨	最大航速	32 节
满载排水量	67500 吨	编制人数	1960 人
舰　　长	305 米	动力装置	常规动力
舰　　宽	33.4 米	续航能力	8500 海里 /18 节，3800 海里 /29 节
吃　　水	11 米	舰载机	41~52 架(26 架苏 -33 战斗机，4 架苏 -25UGT 教练机，15 架卡 -27 直升机，2 架卡 -31 预警直升机)
飞行甲板长	306.45 米		
飞行甲板宽	72 米	主要武器	主要武器：12 座 SS-N-19 反舰导弹垂直发射装置，4 座 6 单元 SA-N-9 防空导弹垂直发射装置（备弹 192 枚），8 座 CADS-N-1 弹炮合一近程武器系统，6 座 6 管 30 毫米舰炮，1 座 10 管 RBU-12000 火箭深水炸弹发射装置

俄罗斯“库兹涅佐夫”号航空母舰

元帅库兹涅佐夫的名字命名。库兹涅佐夫在第二次世界大战前后一共担任过18年的苏联海军总司令，是苏联航空母舰的积极倡导者。

该舰建造于苏联时期，却在苏联解体后交付使用。继库兹涅佐夫号开建后，苏联又开工建造了“瓦良格”号和“乌里扬诺夫斯克”号，但由于苏联的解体以及经济的衰退，上述两艘航母最终被迫下马，前者卖给了中国，后者被拆成了废铁，因此，“库兹涅佐夫”号可谓见证了苏联的兴衰全过程。

库兹涅佐夫”号舰长305米，水线宽33.4米，吃水11米；飞行甲板长306.45米、宽72米，机库长152米、宽26米、高7米；标准排水量53000吨，满载排水量67500吨；装有4台蒸汽轮机，总功率20万马力，最大航速32节；人员编制1960名，其中航空人员620名。

舰上可搭载飞机41~52架，与美国航空母舰不同，没有弹射装置，装有上翘角为12° 的滑跃式甲板，舰载机采用滑跳式起飞。这种甲板要求舰载机必须依靠自身动力，在逆风情况下起飞，滑跑距离长，起飞过程中消耗大量燃料，导致携带武器少、滞空时间短。

（四）英国“无敌”级航空母舰

英国是老牌的海上帝国，也是航空母舰的发源地。第二次世界大战以后，随着国力日渐衰落，英国再也无力建造像美国那样的大型核动力航空母舰，但又不甘心自己海上地位的没落，转而寻求建造轻量级航空母舰。

“无敌”级航空母舰共建造 3 艘，分别为“无敌”号、“卓越”号和“皇家方舟”号，主要担负反潜任务，并在特混编队中作为指挥舰。其中，第一艘在维克斯船厂建造，后两艘在斯旺·亨特船厂建造。

首舰“无敌”号（舷号 R05），1973 年 7 月 20 日开工，1980 年 7 月 11 日服役，2005 年 8 月退役。2 号舰“卓越”号（舷号 R06），1976 年 10 月 7 日开工，1982 年 6 月 20 日服役，1991 年 7 月 1 日至 1994 年 5 月重新改装，1994 年 6 月开始重新服役。3 号舰“皇家方舟”号（舷号 R07），1978 年 12 月 14 日开工，1985 年 11 月 1 日服役，2011 年年初退役。目前，英国便只剩下了“卓越”号这一艘航空母舰。

该级舰全长 209 米，水线宽 27 米，吃水 8 米，标准排水量 16970 吨，满载排水量 20710 吨，装有 4 台 TM-3B 燃气轮机，最大航速 28 节，18 节时续航能力 7000 海里，编制人员 1051 名，其中舰员 685 人，航空人员 366 人。

该级舰采用了英国皇家海军中校道格拉斯·泰勒创造的滑跃式甲板，并成为世界其他国家效仿的样板。其中，“无敌”号和“卓越”号的上翘角度为 7°，“皇家方舟”号为 12°。飞行甲板长 167.8 米，飞行甲板宽 32 米，飞行甲板下面设有 7 层甲板，中部设有机库和 4 个机舱。机库高 7.6 米，占有 3 层甲板，可容纳 20 架飞机，机库两端各有 1 部升降机。标准配置为 10 架“海鹞”式垂直起降战斗机和 10 架“海王”直升机。

1982 年，英阿马岛战争爆发时，由于“卓越”号和“皇家方舟”号尚未完工，已经开始服役的“无敌”号接受了战争的检验且表现不俗，但也暴露出预警和近防能力不足的问题。后来，英国皇家海军为每艘航空母舰配备了 3 架“海王”预警直升机，以及 3 座荷兰 的“守门员”7 管 30 毫米近防炮。其中，每架直升机配有 1 部“搜水”雷达，当飞行高度为 3050 米时，警戒半径 160 千米。

目前，英国根据未来航母计划，正在建造“伊丽莎白女王”级航空母舰，该级舰标准排水量 5 万吨、满载排水量 6.5 万吨，首舰“伊丽莎白女王”号已于 2014 年 7 月 4 日下水，2 号舰“威尔士亲王”号将于 2016 年服役。

主要参数			
标准排水量	16970 吨	最大航速	28 节
满载排水量	20710 吨	编制人数	1051 人
舰　　长	209 米	动力装置	常规动力
舰　　宽	27 米	续航能力	7000 海里 /18 节
吃　　水	8 米	舰 载 机	“海鹞”式战斗机（10 架），“海王”直升机（10 架）
飞行甲板长	167. 8 米		
飞行甲板宽	32 米	主要武器	2 座 20 毫米防空火炮系统，3 座 30 毫米“守门员”近战武器系统，1 座双联装“海标枪”舰对空导弹发射装置

英国“无敌”级航空母舰“无敌”号

（五）法国“戴高乐”号航空母舰

“戴高乐”号航空母舰由法国自主研发，由法国布雷斯特海军造船厂建造，以法国著名政治家、军事家夏尔·戴高乐命名，舷号 R91。该舰于 20 世纪 70 年代开始规划，用来取代 20 世纪 60 年代建造的传统动力航空母舰“福煦”号和其姊妹舰“克莱蒙梭”号。

该舰于 1989 年 4 月 14 日开工，1994 年 5 月 7 日首次下水，原计划于 1996 年服役，但由于法国经济持续低迷，工期曾拖至 1999 年，后来又由于核反应堆强度不够和飞行甲板较短无法完全起降 E-2C 空中预警机，工期一拖再拖，直至 2001 年 5 月 18 日“戴高乐”号正式服役，比预计时间整整晚了五年。

“戴高乐”号是法国历史上的第 10 艘航空母舰，也是除美国以外世界上唯一的一艘现役核动力航空母舰。

舰上电子设备主要有：1 套“西尼特”8 战术数据系统；11、16 号数据链；“锡拉库斯”2 型舰队卫星通信系统；AID-COMER 指挥支援作战系统；2 部萨吉姆 VIGY-105 光电指挥仪；2 部对空搜索雷达，对飞机的最大搜索距离 366 千米；1 部对空 / 对海搜索雷达，最大搜索距离 110 千米；1 部“阿拉贝尔”三坐标火控雷达，用于对空导弹，最大作用距离 70 千米。

“戴高乐”号航母战斗群配有 1 ~ 2 艘“卡萨尔”级驱逐舰，3 ~ 4 艘“拉

斐特”级隐身护卫舰加以保护，1 ~ 2 艘攻击型核潜艇巡逻。2001 年服役后，便参加了由美国发动的阿富汗战争，舰载机共执行了 140 次以上的侦察与轰炸任务，2002 年 7 月 1 日返回母港土伦。该舰于 2007 年至 2008 年进行一次大修，2011 年 3 月 20 日参加了对利比亚的军事打击行动。

主要参数			
标准排水量	37085 吨	编制人数	1750 人
满载排水量	42000 吨	动力装置	核动力
舰　　长	261.5 米	续 航 力	20~25 年
舰　　宽	31.5 米	舰 载 机	“阵风”战斗机（24~30 架），“超军旗”战斗机（20 架），E-2C 预警机（4 架），“黑豹”直升机或“美洲狮”直升机（2~3 架），“海豚”搜索与救援直升机（2~3 架）
吃　　水	9.43 米		
飞行甲板长	261.5 米		
飞行甲板宽	64.3 米	主要武器	4 座对空导弹垂直发射装置（“紫菀”15 防空导弹 32 枚），2 座 6 联装“西北风”对空导弹发射装置，8 座“吉安特”20 毫米机关炮
最大航速	27 节		

法国“戴高乐”号航空母舰

（六）西班牙“阿斯图里亚斯亲王”号航空母舰

西班牙是一个海洋国家，位于欧洲西侧的伊比利半岛，北临大西洋，东濒地中海，南接直布罗陀海峡，担负着保卫北约侧翼安全以及把守地中海到大西洋战略通道直布罗陀海峡的重要任务。

为了维护海上运输线，1967 年 8 月 30 日，西班牙向美国租借了“卡伯特”号航空母舰，租期为 5 年，并改名为“迷宫”号（Dedalo）；1973 年 12 月 5 日，该舰卖给了西班牙；1988 年，该舰又被当作一件礼物赠送给了美国。

“迷宫”号始建于 1942 年，并参加过第二次世界大战，该舰虽然经过了现代化改装，但已是老态龙钟，为此，西班牙决定根据自身国力建造一艘

新型轻型航母。为此，西班牙海军于20世纪年代以美国“海上控制舰”为蓝本，开始自行设计一种以反潜为主要任务的轻型短距起降航空母舰，用来搭载AV-8“海鹞”式垂直/短距起降战斗机和反潜直升机。

主要参数			
标准排水量	15912吨	编制人数	830人
满载排水量	16700吨	动力装置	常规动力
舰　　长	195.9米	续航力	6500海里/20节
舰　　宽	24.3米	舰载机	AV-8B“海鹞”式垂直/短距起降战斗机（10架），“海王”直升机（6架），“海王AEW”预警直升机（2架），AB-212直升机（4架）
吃　　水	9.4米		
飞行甲板长	175.3米		
飞行甲板宽	29米	主要武器	8枚“鱼叉”反舰导弹，4座“马洛卡”20毫米近防武器系统
最大航速	27节		

西班牙“阿斯图里亚斯亲王”号航空母舰

该舰便是“阿斯图里亚斯亲王”号航空母舰。“阿斯图里亚斯亲王”号由西班牙国营巴赞公司费罗尔船厂建造，以西班牙王储的封号命名，是西班牙史上第一艘自行建造的航空母舰，也是西班牙历史上的第三艘航空母舰。

该舰于 1977 年完成设计；1979 年 10 月 8 日开工建造，安放龙骨；1982 年 5 月 22 日下水；1988 年 5 月 30 日正式服役，舷号 R11。随着“阿斯图里亚斯亲王”号的服役，“迷宫”号于 1989 年 8 月宣告退役。不过，由于操作与维修成本昂贵，加之该舰舰龄较高，受西班牙经济拮据的影响，也于 2013 年 2 月 6 日也宣告退役。

该舰全长 195.9 米，水线宽 24.3 米，吃水 9.4 米；标准排水量 15912 吨，满载排水量 16700 吨，排水量介于英国“无敌”级与意大利“加里波第”号航空母舰之间；其舰岛结构的体积比后两者的还要小，内部仅设有舰桥和飞行控制室，烟囱与桅杆则紧凑地整合于舰岛之上。之所以将舰岛设计得如此紧致，目的是尽可能扩大可用的飞行甲板面积。

该舰采用全通式飞行甲板，跃升角为 12°，装有 2 台燃汽轮机，最大航速 27 节，编制人员 830 人，正常情况下可搭载舰机 22 架，最多可搭载 37 架。舰上主要武器为 4 座“马洛卡”近防武器系统（舰身前段左右各 1 座，舰艉 2 座），8 枚美制“鱼叉”反舰导弹。电子设备主要有：1 套 Tritan 数位指挥控制系统，1 部美国雷神公司的 AN/SPS-52C/D 对空搜索雷达，1 部 AN/ SPS-55 平面搜索雷达，1 部航空管制雷达，1 部电子对抗系统，4 具美制 MK-36 型速干扰弹发射器，1 套 AN/SLQ-25A 鱼雷对抗系统等。

（七）意大利“加富尔伯爵”号航空母舰

“加富尔伯爵”号航空母舰由意大利泛安科纳造船厂建造，是意大利海军的第二代可用于实战的主力战舰。该舰于 2001 年 7 月 10 日开工建造，2004 年 7 月 20 日下水，2008 年编入意大利海军正式服役，舷号 552。为了纪念意大利 19 世纪最著名的国务活动家加富尔总理，该舰命名为“加富尔伯爵”号。

1985 年，意大利第一代航母“加里波第”号开始服役，舷号 551。该舰长 173.8 米，排水量 13000 吨，载员只有 550 名，仅为英国“无敌”级航空母舰（“卓越”号航母）的 2/3，是世界上吨位最小的航空母舰。2001 年的时候，该舰已经服役 22 年，并即将退出服役期，意大利决定建造一艘级别更大的航母用于替代“加里波第”号担负意大利海军的主力。

1998 年年初，意大利国防委员会批准了建造新型多用途航空母舰的计划，并对这艘新型航空母舰给予了很高的期望，要求新航空母舰要比“加里波第”号性能更为先进，作战半径更大，还要能起降“联合打击战斗机”。不过，由于意大利海军预算缩减，新型航空母舰计划被迫延后一年左右，而且新型航空母舰的尺寸、体积和排水量也比原计划变小了。

“加富尔伯爵”号采用当前比较流行的分段建造的新方法，由泛安科纳造船公司的两个船厂分别承建，一个负责 70 米长船艏的建造，另一个负责船舯和船艉部分的建造。尔后，再移至意大利西北部的热那亚州舾装。这种

做法可以利用不同的场地，多组人员同时开工，有助于加快建造进度，并减轻人员的疲劳，提高建造精度。

“加富尔伯爵”号航母全长 244 米，全舰宽 39 米，吃水 8.7 米，标准排水量 22290 吨，满载排水量 27100 吨，可以容纳 1210 人，续航能力 7000 英里 /16 节，排水量是“加里波第”号航母的两倍多，跑道长 180 米、宽 14 米，甲板倾斜角度 12° ，可起降 AV-8B、F-35 等多种战斗机以及直升机。其中，跑道旁边的停放区可停放 8 架飞机，或 12 架 EH-101 直升机。

“加富尔伯爵”号可以作为两栖攻击舰使用。该舰在船艉和舷侧各有 1 个 60 吨滚装的跳板，可进行快速装卸。机库长 134 米、宽 21 米，面积约 2500 平方米，可以部分或全部用于运载轮式车辆或履带车辆。可搭载 100 辆轻型车辆，或 24 辆 60 吨重的坦克，或 50 辆两栖履带装甲运输车，4 艘 LCVP 大型人员登陆艇。

舰上装有 2 门 76 毫米速射舰炮，3 门 25 毫米机关炮，4 座 8 单元垂直发射系统（“紫菀”-15 舰空导弹），1 部三坐标远程搜索雷达，1 部对空 / 海搜索雷达，1 部水面搜索雷达，1 部着舰控制系统，1 部空中管制系统，2 座 20 管干扰火箭发射器，以及 SNA-200 声纳、SLAT 鱼雷对抗系统等。另外，该舰还配有一个拥有 3 个病房的医院。

主要参数			
标准排水量	22290 吨	最大航速	28 节
满载排水量	27100 吨	编制人数	1119 人
舰长	244 米	动力装置	常规动力
舰宽	39 米	续航能力	7000 海里 /18 节
吃水	8.7 米	舰载机	8 架 AV-8B/F-35 联合战斗攻击机、12 架 EH-101 直升机
飞行甲板长	232.6 米		
飞行甲板宽	34.5 米	主要武器	4 座导弹垂直发射系统，2 座 76 毫米舰炮，3 座 25 毫米机关炮

意大利“加富尔伯爵”号航空母舰

（八）印度“维拉特”号航空母舰

“维拉特”号是印度从英国购买的一艘航空母舰，其前身是英国皇家海军的“竞技神”号。在梵语中，“维拉特”为“巨人”的意思。1982年，“竞技神”号作为英国皇家海军特混编队的旗舰和“无敌”号航母一起参加了英阿马岛战争。战后，该舰于1984年封存。

1986年4月，印度海军以2500万英镑较低的价格从英国购进此舰，经过改装和大修后命名为“维拉特”号，并同时购买了舰上的12架“海鹞”式垂直/短距起降战斗机；1987年5月20日编入印度海军服役，舷号R22。

"竞技神"号（舷号 R12），又称"赫尔姆斯"号，属于英国半人马座级航空母舰。该舰于 1944 年 6 月开工建造，1953 年 2 月下水，1959 年 11 月服役。"竞技神"号原为攻击型航空母舰，先后经过多次改装。

主要参数			
标准排水量	23900 吨	动力装置	常规动力
满载排水量	28700 吨	人数编制	1350 人
舰长	226.5 米	续航力	6500 海里 /14 节
舰宽	27.4 米	舰载机	"海鹞"式战斗机（12 架），"山猫"MK-42 型反潜直升机（7 架）
吃水	8.7 米		
飞行甲板宽	48.8 米	主要武器	2 座"海猫"舰空导弹发射装置，2 座 40 毫米博福斯舰炮，2 座 30 毫米机关炮，8 具鱼雷发射管
最大航速	28 节		

印度"维拉特"号航空母舰

1971年3月至1973年8月，该舰改装为两栖突击型航母。1976年再次改装为反潜航空母舰，除保持原有的两栖支援能力外，其飞行甲板既可搭载反潜直升机，又可搭载垂直起降飞机。1980年至1981年，该舰又一次进行改装，加装了一个倾角为7.5°的滑跃式甲板，以便于“海鹞”式垂直/短距起降飞机的起飞。

“竞技神”号购入印度时，早已是老态龙钟。为了延长该舰的服役寿命，等待购自俄罗斯的“维克拉马蒂亚”号（原“戈尔什科夫海军上将”号）和自建的“维克兰特”号航母服役，印度对“维拉特”号进行了多次改进，换装升级了远程搜索雷达、推进系统、通信和武器系统等，作战能力有了较大的提升，主要担负反潜、制空和指挥任务。

该舰采用12°滑跃式飞行甲板，甲板上设有7个直升机停机区，可供多架直升机同时起降；机库内可容纳12架“海鹞”式垂直/短距起降飞机和7架“山猫”反潜直升机；最多时可搭载舰载机30架，但不能全部进入机库。此外，当执行两栖作战任务时，该舰还可载运一个陆战营约750人及其装备。

舰上武器装备主要有：2座4联装舰空导弹发射装置，可发射“海猫”舰空导弹；2座40毫米博福斯高射炮；2座30毫米机关炮；8具鱼雷发射管。电子设备主要包括:1部对空搜索雷达，1部对海搜索雷达，2部导航雷达，2部火控雷达，1套CAAIS型战斗数据自动控制系统，1部飞行控制系统，2部飞行指引系统，1部壳体主动搜索/攻击声纳等。

（九）巴西“圣保罗”号航空母舰

“圣保罗”号航空母舰，原名“福煦”号航空母舰，2000年11月巴西从法国海军处购买得来。该舰以法国著名将领福熙元帅命名，是法国“克莱蒙梭”级航空母舰的第二艘，巴西购买该舰后将其改名为“圣保罗”号，是目前巴西海军唯一的一艘航空母舰，舷号A12。

该舰先后进行过3次大的改装。第一次改装是在1964年至1976年，主要对舰载机进行替换，配备美国的“十字军”F-8E战斗机和“超军旗”攻击机。第二次改装是在1980年7月至1981年8月，主要对设备，包括飞行甲板、战术指挥系统、卫星通信系统等进行了改进。第三次改装是在1987年至1988年，主要对武器装备、舰载作战系统进行了现代化改装。

该舰曾于1999年4月至6月，参加北约对南联盟的攻击行动。20世纪末，由于受资金短缺的影响，当时法国正在建造中的“戴高乐”号航空母舰的工期一拖再拖，为此，法国决定提前出售“福煦”号航母，以便筹措到更多的经费。在经过一年多的谈判之后，2000年8月中旬，法国以不到3亿法郎（约合4200万美元）的价格将该舰卖给了巴西。

不过，购买合同谈妥后，法国人将“福煦”号开至土伦港，开始拆卸舰上的特种设备，直至这一工作完成后，巴西海军才能派人登上“福煦”号，与法国海军进行交接。11月15日，法国海军正式将“福煦”号移交给巴西海军，命名为“圣保罗”号。实际上，巴西买来的“福煦”号，只是一个船壳子，自己还得花钱进行改装。

“福煦”号通常搭载固定翼飞机36架、直升机2架，包括23架“超军旗”攻击机、3架“军旗”IVP战术侦察机、6架F-8“十字军”战斗机、4架“贸易风”反潜/雷达机、2架直升机，并可根据任务的不同，对舰载机编组进行调整。卖给巴西后，该舰仅配有14架美制A-4“天鹰”式攻击机，以及8架直升机，作战能力大大下降。

该舰武器装备主要包括：2座8联装“响尾蛇”舰空导弹发射装置，每座备弹18枚，雷达和红外制导，射程13千米；2座6联装“西北风”对空导弹发射装置，红外寻的，射程4.07千米；4座100毫米自动炮，射速60发/分，对舰射程16.7千米，对空射程8千米；4挺12.7毫米机枪。电子设备主要有：2部对空搜索雷达，1部对空/对海搜索，1部进场导航雷达，1部火控雷达。

主要参数			
标准排水量	24200 吨	最大航速	32 节
满载排水量	32800 吨	人数编制	1338 人
舰　　长	265 米	动力装置	常规动力
舰　　宽	31.7 米	续 航 力	7500 海里 /18 节
吃　　水	8.6 米	舰 载 机	固定翼飞机 36 架，直升机 2 架
飞行甲板长	258 米	主要武器	2 座 8 联装“响尾蛇”防空导弹系统，2 座 6 联装“西北风”近程防空导弹系统，4 座 100 毫米单管炮
飞行甲板宽	51.2 米		

巴西“圣保罗”号航空母舰

（十）泰国“差克里·纳吕贝特”号航空母舰

泰国既是一个陆地国家，也是一个海洋国家。为了保卫国家安全、捍卫海洋权益以及应对海上自然灾害，泰国海军急需一艘可搭载直升机的军舰。20 世纪 90 年代初，泰国海军邀请国外 9 家造船公司进行竞标。1992 年 3 月，西班牙巴赞造船公司凭借着具有“阿斯图里亚斯亲王”号轻型航母建造经验，以及价格较低、建造时间较短的优势一举中标。

该舰以西班牙“阿斯图里亚斯亲王”号航母为蓝本，于 1994 年 7 月 12 日开工建造；1996 年 2 月 20 日首次下水；1997 年 8 月 10 日装备泰国海军正式服役，并以泰国首位国王“差克里”的名字命名，舷号 911，停靠于泰国最大的海军基地梭桃邑海军基地。

泰国“差克里·纳吕贝特”号航空母舰

主要参数			
标准排水量	7000 吨	最大航速	25.5 节
满载排水量	11486 吨	编制人数	601 人
舰长	182.6 米	动力装置	常规动力
舰宽	22.5 米	续航力	10000 海里 /12 节
吃水	6.12 米	舰载机	“海鹞”式垂直 / 短距起降战斗机（12 架，现仅购买 9 架），14 架“海王”直升机
飞行甲板长	174.1 米	主要武器	1 座 8 单元“海麻雀”舰空导弹，4 座“密集阵”6 管 20 毫米近防炮，2 座单管 30 毫米速射炮
飞行甲板宽	30.5 米		

该舰当时报价仅为3.6亿美元，此价格虽未包含武器系统的费用，但已包括母舰本身的备件和供应品等后勤支援部分的费用。为了节约成本，该舰虽然部分应用了民船建造规范，但在涉及与作战、生命力有关的关键项目上，如飞行甲板、动力装置、电力分配系统、损害管制系统等项目，仍按军用标准的要求进行设计、施工。

该舰主要武器包括：1座8单元MK-41型垂直发射系统，发射“海麻雀”舰空导弹；2座单管30毫米机关炮；4座“密集阵”6管20毫米近程防空炮。电子设备主要包括:1部休斯AN/SPS-52C三坐标对空搜索雷达，1部SPS-64对海搜索雷达，1部Signal STIR火控雷达，1部休斯MX1105型卫星导航系统，壳体声纳。

“差克里·纳吕贝特”号航空母舰虽然是世界上最小的航空母舰，在世界航母家族中是一个“小字辈”，不过对于泰国来说，却在短短5年的时间里，以相当于一艘中型护卫舰的价格，意外地收获了一艘轻型航空母舰，也从而使得泰国成为东南亚第一个拥有航空母舰的国家，使得泰国海军在东南亚的地位空前提高，并成为该地区最强大的一支海上力量。

三、航空母舰背后的故事

偷袭珍珠港

1941 年 12 月 7 日，星期天。美国太平洋舰队夏威夷海军基地异常安静，各种大中型舰只密密麻麻地停泊在岸边，许多人还沉浸在梦乡之中。头一天晚上，按照惯例，美国大兵们在海军俱乐部里又是一顿狂欢，就连太平洋舰队司令金梅尔海军上将也比往日多喝了几杯，10 点钟就上床睡觉了。

然而，令他们做梦也没想到的事情正向他们一步一步地逼近。在离珍珠港不远处，一支庞大的舰队正全速驶来，轰炸机、鱼雷机排满在航空母舰的飞行甲板上，机翼下面挂着的炸弹、鱼雷在月光下发出阴森森的寒光，飞机发动机发出的声音震耳欲聋，早已坐进驾驶舱的飞行员们就等待着起飞的命令。

来者不是别人，正是蓄谋已久的日本联合舰队。珍珠港位于夏威夷群岛中的瓦胡岛，也是夏威夷的州府所在地。夏威夷群岛位于太平洋的中部，由 20 个岛屿组成，战略地位十分重要，素有“太平洋心脏”之称，像一个楔子卡住了日本海军进出太平洋、南下作战的通道。为此，1941 年 11 月 5 日，日本大本营海军部便制定了对美作战计划，并发布了《大本营海军部第一号命令》，命令联合舰队进行作战准备。

1941 年 11 月 26 日，为了隐蔽行动企图，一支由山本五十六海军大将指挥的联合舰队开始从千岛群岛起航，沿着风高浪大的北航线秘密向珍珠港进发。这支联合舰队由潜艇部队、警戒部队、巡逻部队、空袭部队编成，共有航母 6 艘，战列舰 2 艘、巡洋舰 3 艘、驱逐舰 9 艘、潜艇 28 艘和其他补给舰船。其中，由南云忠一海军中将指挥的空袭部队担任主要攻击任务，这当中就包括日本海军的“赤城”“加贺”“苍龙”“飞龙”“翔鹤”“瑞鹤”号 6 艘航空母舰。

作为美国海军太平洋的主要基地，正常情况下，珍珠港应驻泊 3 艘航母、9 艘战列舰、20 艘巡洋舰、69 艘驱逐舰和 27 艘潜艇。而实际上 ,12 月 6 日晚上返回珍

珠港的共有战列舰 8 艘、轻巡洋舰 3 艘、水上飞机供应舰 3 艘、驱逐舰 29 艘。

12 月 7 日 6 时 20 分，“赤城”“加贺”“苍龙”“飞龙”号上的舰载机开始升空。为了摧毁珍珠港内的美军舰只，日本海军决定分两个波次实施攻击。第一攻击波由“赤城”“加贺”“苍龙”“飞龙”号上的 183 架舰载攻击机担任，其中：水平轰炸机群共有飞机 49 架，每机携带 1 枚 800 千克穿甲弹；鱼雷机群共有飞机 40 架，每机携带 1 枚鱼雷；俯冲轰炸机群共有飞机 51 架，每机携带 1 枚 250 千克陆用炸弹；并有 43 架零式战斗机护航。

6 时 30 分，美军太平洋舰队储存供应船“安塔尔斯”号在准备进港的时候，发现珍珠港附近有一艘潜艇，将情况报告给了附近的“沃德”号驱逐舰。随即“沃德”号驱逐舰对这一潜艇投放了深水炸弹，将其击沉，并将情况报告给了舰队值班室，此时离日军大规模空袭还有 1 小时零 2 分钟，但不幸的是，这一情况在层层上报时被耽搁了。7 时 02 分，瓦胡岛北端的雷达站发现有一个大的机群正向港口飞来，结果在上报时，美军误以为是自己的 B-17 轰炸机群，同样也被耽搁了。

7 时 15 分，担任先遣攻击任务的日本潜艇已经到达珍珠港。与此同时，第二攻击波也开始从舰载机上起飞。第二攻击波由翔鹤、瑞鹤号航母的 167 架舰载机担任。其中，水平轰炸机群共有飞机 54 架，其中的 27 架每机携带 2 枚 250 千克陆用炸弹，另外 27 架每机携带 1 枚 250 千克陆用炸弹、1 枚 60 千克普通炸弹；俯冲轰炸机群共有飞机 78 架，每机携带 1 枚 250 千克普通炸弹。另外，还有 35 架零式战斗机担任护航。

7 时 53 分，第一攻击波的指挥官发出了攻击命令。7 时 55 分，鱼雷轰炸机和俯冲轰炸机向珍珠港冲了下去。飞在前面的 51 架俯冲轰炸机发现目标后，立即兵分两路，一路杀向福特岛和希卡姆机场，另一路杀向惠勒机场，顿时，机场上浓烟四起。此时，鱼雷机也进入了攻击阵位，发现轰炸机动手以后，鱼雷机也迅速扑向了港口内的美军战舰。

就当日本飞机飞临珍珠港上空的时候，美军福特岛指挥中心的军官还以为是自

己的飞机违反航空规定，到处乱飞；而当炸弹落下的时候，舰艇上的美军士兵还以为是自己的飞行员搞错了。7 时 58 分，美国人终于明白了，立即用明码电报拍发了一条电文：“空袭珍珠港。这不是演习！”

此时，如梦方醒的美军士兵缓过神来，5 分钟之后，“内华达”号战列舰率先组织了还击。第一攻击波得手后，8 时 50 分，第二攻击波也快速地投入了战斗。本来，日军攻击的重点是美军的航空母舰。当发现美军航空母舰不在港内时，便将重点对向“加利福尼亚”“俄克拉荷马”“马里兰”“田纳西”“西弗吉尼亚”“亚利桑那”“内华达”“宾夕法尼亚”号这 8 艘战列舰。

“马里兰”号首先被 2 枚炸弹命中，炸弹穿透了甲板，顿时浓烟滚滚，舰体倾斜 1.5 米；“俄克拉荷马”号先后被 12 枚鱼雷击中；“加利福尼亚”号被两枚鱼雷命中，重油库中弹起火，在周围海面上形成了一层 30 厘米厚的燃烧带；“亚利桑那”号甲板被 1 枚穿甲弹击中，冒出的烟雾高达 1000 米，舰上官兵几乎全部葬身大海；“西弗吉尼亚”号先后被 9 枚鱼雷击中，半截沉到水里；“田纳西”号也被 1 枚鱼雷击中；“宾夕法尼亚”号由于临时停靠在船坞里修理，也挨了几颗炸弹；“内华达”号被 1 枚鱼雷、6 枚炸弹击中，勉强逃出港口，被迫搁浅。

日军的两波攻击总共 1 小时 50 分钟，美军官兵死伤人数近 4500 人；40 余艘战舰被炸沉炸伤，约占太平洋舰队总数的 50%；飞机 232 架被炸毁，163 架被炸伤，约占总数的 70%；整个太平洋舰队元气大伤，几乎全军覆没。而战斗中，日军只损失了飞机 29 架，损失 1 艘大型潜艇和 5 艘袖珍潜艇，损失 133 人。

第二章　战列舰

一、战列舰概述

战列舰，又称为战斗舰、战舰、主力舰，英文名称为Battleship，是一种以大口径舰炮为主要战斗武器的大型水面战斗舰艇。战列舰装备有厚重的装甲和为数众多的大口径火炮，具有较好的自身防护能力以及强大的对地和对舰攻击能力，自其诞生以来，曾经是海军编队的战斗核心，被称为水面舰艇编队的主力。但是，由于航空母舰的问世以及导弹的出现，其舰队主力的地位急剧下降，时至今日，战列舰已经退出了海战的历史舞台。

（一）战列舰的起源

战列舰这个名词源于风帆战列舰（line-of-battle ship）。17 世纪中叶，三桅风帆战船就已经出现在海战战场上了。当时，这些风帆战船采用木质船体，排水量为 4000 ~ 5000 吨，配有数十门甚至上百门火炮，火炮装在船体的两侧，敌对双方交战时，多艘舰船排成一列，以火炮攻击对方，因此称之为“战列舰”。

风帆战列舰的战斗性能受风向的影响非常大。随着蒸汽机和螺旋桨技术的普及，从 19 世纪 60 年代开始，风帆战列舰逐渐被蒸汽铁甲舰所取代。1849 年，法国海军建造了世界上第一艘以蒸汽为动力的战列舰—“拿破仑”号，但该舰仍保留了风帆作为辅助动力。1858 年，法国开工建造世界上第一艘带有装甲外壳的战列舰，1859 年 11 月 24 日完工，1860 年 8 月服役，该舰命名为“光荣”号。此后，各国纷纷开始建造新型的装甲战列舰。

美国南北战争期间，为了对付南方军队“弗吉尼亚”号装甲战舰，美国北方海军研制出小型装甲炮舰“莫尼特”号，该舰首次采用了封闭的回旋式炮塔，并参加了 1862 年的汉普敦海战。1862 年，法国建造了第一艘装有旋转炮塔的战列舰“阿尔贝王子”号。随着旋转炮塔技术的运用，战列舰排成一列纵队进行对战的战术逐渐被淘汰，在一段时期里战列舰的称谓曾被铁甲舰所取代。

19 世纪后半期，战列舰普遍采用铸铁装甲，满载排水量达 1 ~ 1.2 万吨，

航速 16 ~ 17 节，主炮口径由 200 毫米增至 300 ~ 350 毫米，舰体防护装甲厚度达 230 ~ 450 毫米。1892 年 5 月，英国建造的世界上第一艘采用全钢质舰体的战列舰“君权”号开始服役。该舰装 4 门双联装主炮，采用旋转炮塔的形式，分别安装在舰身的纵轴线上，能够左右开火射击，并成为各国战列舰设计的样板，此后，战列舰的称谓又恢复了。

1906 年 12 月，由英国建造的“无畏”号战列舰开始服役。这是近代海军史上第一艘采用统一型号主炮的战列舰，也是第一艘采用蒸汽轮机驱动的主力舰。该舰在武备、动力、防护等方面的创新性设计，成为战列舰建造技术的分水岭，许多国家海军均按照“无畏”号的理念建造新型战列舰。为此，这一时期生产的战列舰均称为无畏舰，而此前生产的战列舰则称为前无畏舰。不久，随着一批装备有大口径火炮、排水量超过 25000 吨的战列舰相继问世，无畏舰又被超无畏舰所取代。

在第一次世界大战时期，战列舰所拥有的大舰巨炮的优势在历次海战中得到了充分显现，并成为各国海军竞相发展的重点。第一次世界大战以后，美国、英国、日本、法国和意大利五个海军强国于 1922 年签订了《限制海军军备条约》（《华盛顿条约》），要求战列舰的吨位不得超过 35000 吨，主炮口径不得超过 430 毫米。然而，1936 年 12 月该条约失效后，新一轮建造热潮再次燃起，战列舰的吨位迅速增加，许多战列舰的排水量超过了 6 万吨，如日本的“大和”号和“武藏”号，排水量达到了 7 万多吨。

20 世纪 30 年代后期，战列舰的发展达到了顶峰，在第二次世界大战之前一直是各海上强国的舰队主力战舰和核心力量，占据着海上霸主的地位，并在第二次世界大战中发挥了重要的作用。然而，随着航空母舰、潜艇的广泛运用，鱼雷、炸弹对战列舰构成了致命的威胁，到了二战的后期，战列舰的地位最终被航空母舰所取代。

第二次世界大战结束后，世界上大多数国家的战列舰基本退出现役。但美国仍然保留着少量“依阿华”级战列舰，并投入到朝鲜战争和越南战争中。20 世纪 80 年代，美国海军对世界上仅存的 4 艘“依阿华”级战列舰进行了现代化改装，加装有“战斧”巡航导弹、“鱼叉”反舰导弹和直升机。其中，“依阿华”级战列舰中的“密苏里”号和“威斯康星”号参加了 1991 年的海湾战争。海湾战争以后，美军对“依阿华”级战列舰进行了封存。2006 年 3 月，所有战列舰全部退出现役。

（二）战列舰的分类

战列舰的分类方法较多，分法不一。按动力分，可分为风帆战列舰、蒸汽机战列舰、柴油机战列舰；按防护层分，可分为木质战列舰和装甲战列舰；按吨位分，可分为袖珍战列舰、轻型战列舰、超级战列舰（排水量 25000 吨以上）；按年代分，可分为前无畏战列舰、无畏战列舰、超无畏战列舰等。

（三）战列舰的特点

一是吨位大。在航空母舰没有问世的时候，战列舰排水量非常大，可谓是海上的巨无霸。即使是在航空母舰问世以后，战列舰仍然位居舰艇家族的第二名，其排水量通常在 2 万吨以上，有的战列舰排水量超过 7 万吨，甚至比一艘中型航空母舰还要大。

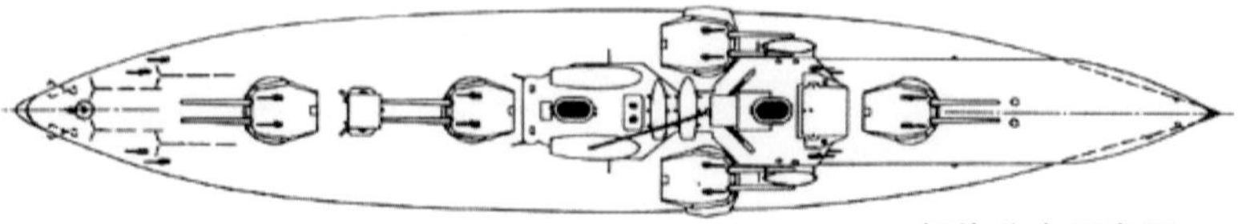

舰炮分布示意图

二是重炮多。战列舰素以巨炮著称，不仅舰上火炮数量众多，少则 10 来门，多则几十门；而且口径巨大，口径小一点的 200 毫米左右，中等的 300 ~ 350 毫米，大的超过 400 米，甚至达到了 460 毫米，一发炮弹重达 1 吨多，比一辆普通家用轿车还要重。

三是装甲厚。作为主力战舰，战列舰周身遍布防护装甲，特别是炮塔、机舱、弹药库、指挥塔等关键部位更是加装有厚厚的防护装甲，厚度达数十厘米，防护装甲的质量甚至占全舰质量的 30% 以上。

二、经典战列舰

（一）英国“无畏”级战列舰

“无畏”级战列舰由英国朴次茅斯造船厂建造，该级舰只有“无畏”号（英文名称 Dreadnought）1 艘。该舰于 1905 年 10 月 2 日开始建造，1906 年 2 月 10 日下水，1906 年 12 月开始服役，1914 年参加了第一次世界大战，1916 年日德兰海战前退出大舰队，1916—1918 年在泰晤士河口执行近海巡逻任务，1919 年退役。

“无畏”号战列舰一改以往战列舰的做法，装备有口径均为 305 毫米的主炮 10 门，采用 5 座双联装主炮塔，具体分布为：舰艏 1 座、中部 1 座、两舷各 1 座、舰艉 1 座。因此，在战斗过程中，该舰可有 6 门主炮实施向前射击，8 门主炮实施侧向射击，火力优势十分明显，称得上是当时火力最强的战列舰。

该舰装备有 18 台三涨式蒸汽锅炉、4 台帕森斯蒸汽轮机组，动力达 22500 马力（海试时达到 24700 马力），是世界上第一艘采用蒸汽轮机作为动力的战列舰，最高航速 21 节（海试时达到 22.4 节），能够以 20 节以上的航速连续高速行驶 13 小时，可谓当时航速最快的战列舰。

主要参数	
标准排水量	18410 吨
满载排水量	21060 吨
舰长	160.6 米
舰宽	25 米
吃水	9 米
最大航速	21 节
编制人数	659 ~ 773 人
续航力	6620 海里 /10 节
主要武器	10 门 305 毫米火炮（5 座双联，射程 15 千米，每门备弹 110 枚），27 门 76.2 毫米火炮，5 门 457 毫米鱼雷发射管

“无畏”号战列舰标准排水量18410吨，满载排水量21060吨，舰长160.6米，舰宽25米，吃水9米，舰体外部全部装有防护装甲，并对装甲表面进行了硬化处理，其中炮塔、机舱、弹药库、指挥塔等关键部位的装甲厚度达280毫米，全舰防护装甲重约5000吨，抗打击能力显著提高。该舰对于战列舰的发展具有划时代的意义，此后各国均以该舰作为战列舰的范本。因此，这一时期的战列舰也被称为无畏舰。

英国“无畏”级战列舰“无畏”号

（二）德国“拿骚”级战列舰

“拿骚”级战列舰是德国第一次世界大战前建造的第一级无畏战列舰，该级舰始建于1907年，共有4艘，分别以当时普鲁士王国的4个主要工业省命名，它们是拿骚、威斯特法仑、莱茵兰、波森（今波兰的波兹南尼亚）号战列舰。英国“无畏”号战列舰建成后，其他老式的战列舰明显处于下风，为了对抗英国的无畏舰，德国决定开始建造自己的“无畏”级战列舰。

“拿骚”号由威廉港皇家造船厂建造，1907年7月22日开工，1908年3月7日下水，1909年10月1日服役；“威斯特法仑”号由不来梅威塞尔造船厂建造，1907年8月12日开工，1908年7月1日下水，1909年11月16日服役；“莱茵兰”号由斯德丁伏尔甘造船厂建造，1907年6月1日开工，1908年9月26日下水，1910年4月30日服役。“波森”号由基尔明曼尼亚造船厂建造，1907年6月11日开工，1908年12月13日下水，1910年3月31日服役。

“拿骚”级战列舰采用往复式蒸汽机技术，装有12台燃煤锅炉，最高航速20节，比英国的无畏舰慢2节，而且该舰在最高速度行驶时受往复式蒸汽机连续往复运动的影响，舰体经常发生剧烈颤动，火炮的瞄准、射击均受到较大影响，为此，德国海军于1915年将其中的4台燃煤锅炉改装为6台燃油锅炉。

该级舰服役后，先后参加了对俄国的里加湾战役、英德的日德兰海战。

第一次世界大战结束后，根据《凡尔赛条约》的规定，德国应解散海军，并用主力舰作为战争赔偿。由于“拿骚”级和“赫尔格兰”级战列舰相对老旧，并没有进入战争赔偿的目录。但是，由于德国主力舰队于1919年6月21日在斯卡帕湾集体自沉，“拿骚”级和“赫尔格兰”级战列舰还是被当作了战争赔偿品。1919年11月5日，4艘“拿骚级”战列舰从德国海军的编制表上删了下去。1920年7月，“拿骚”号交给了日本，另外3艘给了英国。后来，日本又把“拿骚”号卖给了英国。最后，4艘舰相继在1920—1924年期间被拆毁。

主要参数（拿骚号）	
标准排水量	18570吨
满载排水量	21000吨
舰长	146.1米
舰宽	26.9米
吃水	8.9米
最大航速	20节
编制人数	1008人
续航力	9400海里/10节，2800海里/19节
主要武器	12门6座双联装280毫米主炮，12门150毫米副炮，16门88毫米高炮，6座450毫米鱼雷发射管

德国“拿骚”级战列舰“威斯特法伦”号

（三）英国“伊丽莎白女王”级战列舰

“伊丽莎白女王”级战列舰是英国建造的“超无畏”级战列舰。该级舰共有“伊丽莎白女王”“厌战”“巴勒姆”“勇士”“马来亚”号 5 艘。

其中，首舰“伊丽莎白女王”号由朴次茅斯造船厂建造，1912 年 10 月 21 日开工，1913 年 10 月 16 日下水，1914 年 12 月 12 日服役。2 号舰“厌战”号由达文波特造船厂建造，1912 年 10 月 31 日开工，1913 年 11 月 26 日下水，1915 年 3 月 8 日服役。3 号舰“巴勒姆”号由约翰・布朗造船厂建造，1913 年 2 月 24 日开工，1914 年 10 月 13 日下水，1915 年 10 月 19 日服役。4 号舰“勇士”号由法尔费德造船厂建造，1913 年 1 月 31 日开工，1914 年 11 月 4 日下水，1916 年 1 月 13 日服役。5 号舰“马来亚”号由阿姆斯特朗

英国“伊丽莎白女王”级战列舰“伊丽莎白女王”号

主要参数			
标准排水量	27500 吨	续 航 力	8600 海里 /12.5 节
满载排水量	36500 吨	主要武器	8 门双联装 381 毫米主炮，12 门 152 毫米副炮，2 门 76mm 炮（1934 年改装的“马来亚”号、“厌战”号加装双联装 102 毫米口径高射炮 4 座，加装八联装 40 毫米高射炮；1937 年改装的“勇士”号、“伊丽莎白女王”号拆除副炮改装为双联装 113 毫米高平两用炮 10 座，加装 40 毫米和 20 毫米高射炮），4 具 533 毫米鱼雷发射管（改装时拆除）
舰 长	196 米		
舰 宽	27.58 米		
吃 水	9.19 米		
最大航速	23.5 ~ 24 节		
编制人数	1124 人		

造船厂建造，1913 年 10 月 20 日开工，1915 年 3 月 18 日下水，1916 年 2 月 1 日服役。

20 世纪初期至第一次世界大战前夕，世界范围内掀起了一场建造无畏舰的军备竞赛。为了巩固火力优势，英国海军决定建造主炮口径更大的战列舰，以 15 英寸（1 英寸 =25.4 毫米）口径取代原先的 13.5 英寸。由于采用了新式主炮，鉴于主炮质量较大以及作战能力有了较大提升，因此，该级舰只配有 8 门主炮，并采用首尾对称式布局，舰体前后各配置有 2 座双联装主炮塔。

在动力方面，“伊丽莎白女王”级战列舰以燃油锅炉为动力，燃料补给十分简便，航行速度有了较大提高，是英国首批全部以燃油锅炉为动力的战列舰。该级舰服役后，先后参加第一次世界大战中的达达尼尔海峡战役、日德兰海战。

该级舰标准排水量 27500 吨，满载排水量 36500 吨，舰长 196 米，舰宽 27.58 米，吃水 9.19 米；装备 4 门双联装 381 毫米主炮，16 座单管 152.4 毫米副炮（“伊丽莎白”号，其他 14 门），2 座单管 76.2 毫米防空炮，4 座 533 毫米鱼雷发射管，舰员 925 人，航速 25 节。

在两次世界大战期间，该级舰进行了两次较大规模的现代化改装，主炮射程均有了较大提高，部分舰艇的副炮被改装为高平两用炮，并装有对空、对海及火控雷达。在第二次世界大战期间，该级舰先后参加了西西里岛、诺曼底登陆战役。

（四）美国“内华达”级战列舰

“内华达”级战列舰是美国第一次世界大战前夕建造的战列舰，该级舰共有“内华达”号和“俄克拉荷马”号2艘。由于美国海军认为，战列舰的中等厚度装甲无法防御无畏级战列舰的大口径穿甲弹，因此，该舰采取了当时颇具争议的“重点防护”设计理念，在主炮塔、轮机舱以及指挥塔等要害部位上加装有重装甲，而在非重要部位尽量减少装甲的厚度甚至不采取装甲防护。其中，主炮塔厚457毫米，指挥塔406毫米，主装甲带203 ~ 343毫米，而水平装甲仅为76毫米。

舰上共装备356毫米口径主炮10门，采用双联装和三联装主炮塔形式，其中2座三联装炮塔位于较低的位置上，2座双联装炮塔则呈背负式位于其之上。另外，还有21门127毫米副炮和16门127毫米高平两用炮。

首舰“内华达”号于1912年12月动工，1914年7月下水，1916年5月前往大西洋舰队服役，舷号BB-36，先后参加了第一次和第二次世界大战，进行了两次现代化改装。该舰是珍珠港事件中最早投入反击及能开得动的战列舰，为避免在港口出口沉没，带伤出港后主动抢滩搁浅。该舰先后参加了收复阿留申岛、诺曼底登陆战役，硫磺岛和冲绳岛战役，共获得7枚战斗之星勋章，1948年7月31日作为靶船被火炮、鱼雷击沉。

“俄克拉荷马”号于1912年10月开工，1914年3月下水，1916年5月服役，舷号BB-37。第一次世界大战期间，该舰曾和“内华达”号一起执行护送盟国军队去欧洲的任务。1941 年 12 月 7 日，在珍珠港被日军鱼雷击沉；1943 年，被打捞上来，但已无维修价值，随即从太平洋舰队中注销；1944 年，在拖向美国西海岸的途中解体沉没。

主要参数			
标准排水量	29000 吨	续 航 力	15700 海里 /10 节
满载排水量	34000 吨	主要武器	10 门 356 毫米口径主炮，21 座 127 毫米副炮（第一次改装拆除 9 座）；16 门 127 毫米高平两用炮（第二次改装，双联装 8 座），太平洋战争中加装 40 毫米高射炮 40 门，20 毫米高射炮 45 门
舰　　长	177.7 米		
舰　　宽	32.9 米		
吃　　水	9.9 米		
最大航速	20.5 节		
编制人数	1374 人		

美国“内华达”级战列舰“内华达”号

（五）日本“长门”级战列舰

“长门”级战列舰是日本第一次世界大战后期设计建造的一种战列舰，共有“长门”号和“陆奥”号 2 艘。其中，1 号舰“长门”号战列舰由吴海军工厂建造，1917 年 8 月 28 日开工，1918 年 11 月 9 日下水，1920 年 11 月 25 日完工，1936 年 4 月 1 日完成现代化改装，1945 年 8 月 20 日在横须贺投降，1945 年 9 月 15 日退役；2 号舰“陆奥”号战列舰由横须贺海军工厂建造，1918 年 6 月 1 日开工，1920 年 5 月 31 日下水，1921 年 11 月 22 日完工，1936 年 9 月 30 日完成现代化改装，1943 年 6 月 8 日因三号主炮塔弹药库发生原因不明的爆炸而沉没。

为了争夺海上霸权，第一次世界大战期间，日本决定自行建造高航速重火力的战列舰，希望在与美国海军的竞争中以质量的优势弥补数量上的不足。按照这一设计思路，该级舰装有当时最大口径的 410 毫米口径主炮，数量 8 门（4×2），最大航速可达 26.7 节，成为《华盛顿条约》生效期间日本威力最大的战列舰。当时，主炮拥有这种口径的战列舰共有 7 艘，其中英国“纳尔逊”级战列舰 2 艘、美国“科罗拉多”级战列舰 3 艘，日本就占了 2 艘。

“长门”级战列舰由日本自行设计，从而摆脱了由英国人建造或仿造的痕迹，因此，被视为“第一级纯日本血统的战舰”。从 1920 年开始，直至 1941 年“大和”号战列舰服役，“长门”号一直是日本联合舰队的旗舰，是日本国民心目中海军的象征，享有“国民最熟知的战舰”的美称，被日本海军视为最后关头才使用的“宝贝疙瘩”。

该级舰标准排水量 32720 吨，满载排水量 39700 吨；改装后，“长门”号标准排水量 36130 吨，“陆奥”号标准排水量 39050 吨；舰长 215.8 米、舰宽 28.96 米、吃水 9.1 米，最大航速 26.4 节，续航能力 5500 海里 /16 节，编制 1333 ~ 1368 人，可搭载舰载机 3 架。

20 世纪 30 年代，日本海军对“长门”级战列舰进行了现代化改造，增大了主炮射程，加强了舰体与炮塔的防护，增加防鱼雷隔舱，加强了防空火力。改装后，舰长 224.9 米，舰宽 34.6 米，吃水 9.45 米，航速 25 节，续航能力 10600 海里 /16 节。

1942 年 6 月中途岛海战中，“长门”号和“陆奥”号还没来得及参战，整个战役便以日本损失 4 艘航空母舰失败而告终。第二次世界大战结束后，“长门”号被作为战争赔偿移交给美国，后作为靶舰在 1946 年 7 月的原子弹试验中受损严重而沉没。

主要参数	
标准排水量	32720 吨
满载排水量	39700 吨
舰长	215.8 米
舰宽	28.96 米
吃水	9.1 米
最大航速	26.4 节
编制人数	1333 ~ 1368 人
续航力	5500 海里 /16 节（改装后 10600 海里 /16 节）
主要武器	8 门双联装 410 毫米口径主炮，20 门 140 毫米口径副炮（改装后 18 门），4 门 76 毫米高射炮（改装后 8 门双联装 127 毫米高射炮，20 门双联装 25 毫米高射炮）

日本“长门”级战列舰“长门”号

（六）美国“田纳西”级战列舰

“田纳西”级战列舰是美国第一次世界大战后期建造的战列舰，是“新墨西哥”级战列舰的改进型，共有“田纳西”号和“加利福尼亚”号2艘。其中，“田纳西”号由布鲁克林造船厂建造，1917年5月14日开工，1919年4月30日下水，1920年6月3日服役，1947年2月14日转入后备役，1959年正式退役，舷号BB-43。“加利福尼亚”号由马尔岛造船厂建造，1916年10月25日动工，1919年11月20日下水，1921年8月10日作为太平洋舰队的旗舰开始服役，1947年2月14日转入后备役，1959年正式退役，舷号BB-44。

根据日德兰海战的经验，“田纳西”级战列舰采用新式的后置龙骨设计，舰体划分多层隔舱，水下防护性能有了较大提高，并加强了水平甲板防护。该级舰装备有12门口径356毫米主炮和14门口径127毫米副炮（现代化中改装被拆除），主炮和副炮均配有火控系统，主炮射击仰角达30°，而此前的射击仰度只能达到15°，由此导致射程增加了9144米。

随着太平洋战场局势的变化，1940年，“田纳西”号和“加利福尼亚”号随太平洋舰队一起将基地移到了珍珠港。1941年12月7日早晨，这两艘军舰遭到了日本联合舰队的偷袭。其中，“田纳西”号的移动路线被沉没的“西弗吉尼亚”号所挡没办法移动，被几颗炸弹击中，但损失并不严重，但是“亚历桑那”号爆炸后引发的大火却使“田纳西”号遭了殃，“田纳西”号的大火烧了足足两天。

“加利福尼亚”号情况更惨，由于该舰停在整个战列舰群的最前面，结果舰体被 3 枚鱼雷击中，1 颗炸弹引爆了高射机枪的弹药舱。由于水密舱没有完全关闭，导致大量海水涌入，舰艉沉入水中，舰艏和上层建筑翘在水面上。1942 年 3 月，“加利福尼亚”号被打捞上来，同年和“田纳西”号一起进行了维修和现代化改装。

该级舰标准排水量 32600 吨，满载排水量 35190 吨；改装后，标准排水量 34850 吨，满载排水量 40345 吨；舰长 190.35 米、舰宽 29.74 米、吃水 9.2 米，改装后，舰长 190.35 米、舰宽 34.8 米、吃水 9.94 米；最大航速 21 节；续航能力 8000 海里 /10 节，改装后 9200 海里 /15 节；设计人数 1083 人，改装后 2243 人。

“田纳西”号先后参加了马绍尔群岛、塞班岛、关岛、菲律宾、硫磺岛、冲绳岛等大多数两栖作战，在二战中共获得 10 枚战斗之星勋章。经过大修后，“加利福尼亚”号于太平洋战争后期重返战场，先后参加马里亚纳、塞班岛、关岛、菲律宾、冲绳岛等两栖作战，1945 年 1 月在莱城海战中被日本敢死队的飞机击中，再次返回美国本土修理，在二战中共获得 7 枚战斗之星勋章。

美国“田纳西”级战列舰“田纳西”号

主要参数（改装前）			
标准排水量	32600 吨	最大航速	21 节
满载排水量	35190 吨	编制人数	1083 人
舰长	190.35 米	续航力	8000 海里 /10 节
舰宽	29.74 米	主要武器	12 门口径 356 毫米主炮，14 门口径 127 毫米副炮（现代化改装时拆除），16 门双联装 127 毫米高平两用炮(改装后)，40 ~ 56门40毫米高炮，40 门 20 毫米高炮
吃水	9.2 米		

（七）法国“黎塞留”级战列舰

“黎赛留”级战列舰是法国第二次世界大战前建造的一种新型战列舰，以法国第一任首相黎塞留的名字命名，该级舰计划建造 3 艘，其中完工的有“黎塞留”号和“让·巴尔”号 2 艘，第 3 艘“克莱蒙梭”号在法国战败投降后停工，最终被盟军炸沉。

20 世纪 30 年代初期，法国海军只有 4 艘一战期间的旧战列舰，排水量仅为 2 万吨左右。1932 年，法国虽然建造了 2 艘“敦刻尔克”级战列舰，但该级舰仅为轻型战列舰，所装备的 330 毫米主炮根本不占上风。面对德国和意大利的海上威胁，法国深感自身实力单薄，为此决定建造一种新型战列舰，以便能够更好地维护其在地中海和东大西洋的海上优势。

法国曾考虑为“黎塞留”战列舰装备 406 毫米主炮，但由于火炮数量较少、花费较多，以及吨位较大受《华盛顿条约》的限制等原因，最终将主炮口径定为 380 毫米，8 门主炮采用 4 联装炮塔形式，前甲板装有 2 座 4 联装 380 毫米主炮，后甲板采取品字形装有 3 座 3 联装 152 毫米副炮，其主炮口径与当时的德国“俾斯麦”级战列舰、意大利“维内托”级战列舰相当，并装有口径为 100 毫米的高炮。

该级舰装甲总重量 16460 吨。其中，上甲板厚 150~170 毫米，主甲板厚 40~50 毫米；炮塔正面厚 430 毫米；炮座厚 405 毫米；司令塔厚 340 毫米；水线装甲最大厚度 330 毫米。

首舰“黎塞留”号于1935年10月22日开工，1938年1月17日下水，1940年6月完成建造进度的95%，1940年6月为了躲避德军的进攻逃至法属殖民地塞内加尔的达喀尔。1942年11月，盟国攻占北非后，“黎塞留”号被美国名义上买下（战后归还法国），1943年1月16日，该舰到达美国进行改装，1943年10月，在英国远东舰队的指挥下参加对日作战，战后回归美国海军控制，1946年返回法国，1959年退出现役，1964年作为废钢被拆解。

2号舰“让·巴尔”号，1936年12月12日动工，二战爆发时只完成进度的70%，仅安装1个主炮塔，1940年3月6日下水，1940年6月被拖到摩洛哥的卡萨布兰卡。为了防止法国战舰落入德军之手，盟军对停靠在北非港口的法国军舰实施了轰炸，“黎塞留”号和“让·巴尔”号均受到不同程度的损伤。二战结束后，法国最终于1955年完成了“让·巴尔”号建造，这也是世界上最后一艘完工的战列舰，该舰仅服役6年便于1961年退出现役，并于1970年解体。

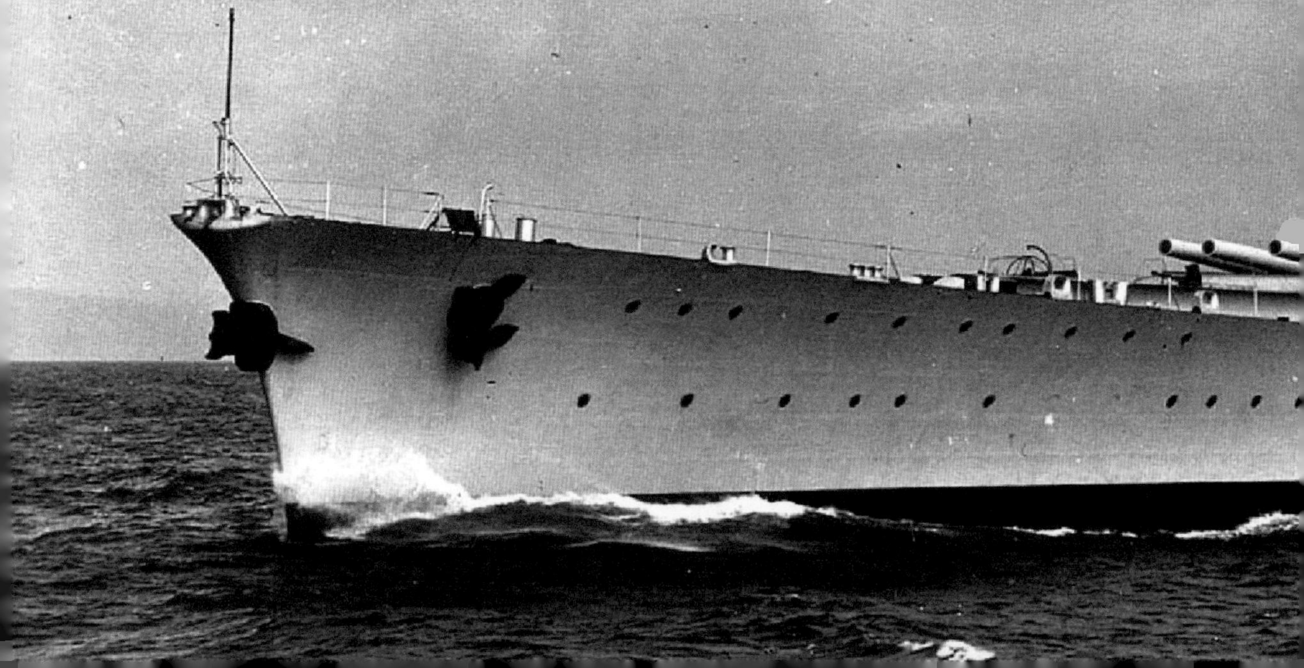

主要参数			
标准排水量	38500 吨	最大航速	30 节（“让·巴尔”号 32 节）
满载排水量	47548 吨（“让·巴尔”49850 吨）	编制人数	1500~1670 人
舰长	248 米	续航力	5000 海里 /18 节
舰宽	33 米	主要武器	8 门 4 联装 380 毫米主炮，9 门 3 联装 152 毫米副炮，10 门双联装 100 毫米高射炮（“让·巴尔”号 12 门），8 门 40 毫米高炮，14 座双联装 57 毫米高炮，20 门 20 毫米高炮（1943 年改装后，改装前为 37 毫米高炮、13.2 毫米高射机枪）
吃水	10.7 米（“让·巴尔”9.9 米）		

法国“黎塞留”级战列舰“黎塞留”号

（八）德国“俾斯麦”级战列舰

“俾斯麦”级战列舰是第二次世界大战前德国建成的最大主力舰，该级舰共有“俾斯麦”号、“提尔皮茨”号2艘。其中，首舰“俾斯麦”号以有“铁血宰相”之称的德国总理奥托·冯·俾斯麦的名字命名，2号舰以号称“德国海军之父”的德国海军元帅阿尔弗雷德·冯·提尔皮茨的名字命名。

第一次世界大战战败后，德国为了突破《凡尔赛和约》对德国海军的限制，于1935年3月撕毁了《凡尔赛和约》，全面启动了新型战列舰建造计划。作为连接德国通往北海和波罗的海的重要通道，由于基尔运河通行的限制，“俾斯麦”级战列舰的标准排水量设计为35000吨、舰长250米、宽38米。但实际建造过程中，该级舰标准排水量达到41700吨，成为了当时吨位最大的战列舰，在历史上仅次于“大和”级和“依阿华”级。此外，为了达到30节的航速，舰宽缩小为36米。

主要参数（“俾斯麦”号）			
标准排水量	41700 吨	编制人数	2065 人（“提尔皮茨”号 2608 人）
满载排水量	50300 吨	续 航 力	8870 海里 /19 节
舰　　长	251 米	主要武器	8 门双联装 380 毫米主炮，12 门 150 毫米副炮，16 门 105 毫米高炮，16 门 37 毫米高炮，12 门 20 毫米高炮
舰　　宽	36 米		
吃　　水	9.3 米		
最大航速	30.01 节	舰 载 机	4 架阿拉度 Ar-196 水上侦察机

德国“俾斯麦”级战列舰“俾斯麦”号

首舰“俾斯麦”号由布洛姆·福斯造船厂建造，1936年7月1日开工，1939年2月14日下水，1940年8月24日服役。

该舰服役后，被派往大西洋担负破坏英国海上运输线的任务。在1941年5月24日的第一次海战中，将英国战列巡洋舰“胡德”号击沉，重创战列舰“威尔士亲王”号。但是3日后，该舰遭到“皇家方舟”号航空母舰等60余艘军舰的围攻，最后沉没。

2号舰“提尔皮茨”号由廉港造船厂建造，1936年11月2日开工，1939年4月1日下水，1941年2月25日服役。该舰标准排水量42900吨，满载排水量52600吨，其余参数与“俾斯麦”号相同。1942年年初，“提尔皮茨”号被派往挪威，担负切断盟国向苏联提供物资的“北极航线”的截击任务。在1942年7月的战斗中，该舰在其他11艘军舰的协同下，给盟国的PQ-17船队造成毁灭性打击，该船队共有34商船和20余艘军舰，其中有75%的船只和货物沉没。此后，该舰便藏进港口躲了起来。1944年11月12日，在英国13批次600多架飞机的打击下，最终被击沉。

（九）日本“大和”级战列舰

“大和”级战列舰是日本第二次世界大战前研制设计的一种新型战列舰，该级舰以美国为假想敌，于1934年开始设计，共建成“大和”号和“武藏”号2艘。其中，1号舰“大和”号于1937年11月4日开工，1940年8月8日下水，1941年12月16日服役，1945年4月7日被击沉。该舰标准排水量65027吨，满载排水量71659吨，舰长263米，舰宽38.9米，吃水11米，航速27节，续航能力7200海里/16节；编制人员2500~2800人。

1941年时，装备9门（3×3）460毫米主炮、12门（4×3）155毫米副炮、12门（6×2）127毫米高炮、24门（8×3）25毫米高炮、4挺（2×2）13.2毫米机枪。1945年时，装备9门（3×3）460毫米主炮、6门（2×3）155毫米副炮、24门（12×2）127毫米高炮、156门（52×3）25毫米高炮、6门单管25毫米高炮、4挺（2×2）13.2毫米机枪。

2号舰“武藏”号（Musashi）于1938年3月29日开工，1940年11月1日下水，1942年8月5日服役，1944年10月24日被击沉。该舰标准排水量65000吨，满载排水量72809吨，舰长263米，舰宽38.9米，吃水10.4米，航速27.5节，续航能力7200海里/16节；编制人员2500人。

1942年时，装备9门（3×3）460毫米主炮、12门（4×3）155毫米副炮、12门（6×2）127毫米高炮、12门（4×3）25毫米高炮、2挺单管13.2毫米机枪。1944年时，装备9门（3×3）460毫米主炮、6门（2×3）155毫米副炮、6门（3×2）127毫米高炮、105门（35×3）25毫米高炮、25门单管25毫米高炮、4挺（2×2）13.2毫米机枪。

此外，3号舰“信浓”号后来被改为航母；4号舰于1940年11月动工，1942年3月停建。“大和”级战列舰装备的9门460毫米口径主炮，其有2座主炮塔位于前甲板，另1座位于舰体后部，火炮配有穿甲弹、高爆弹、对空弹等弹种，穿甲弹重1460千克、初速780米/秒、射程达45千米，而其他国家战列舰的主炮口径一般为381~406毫米，相比之下，“大和”级战列舰的主炮堪称为“巨无霸”。加上其他火炮，火力十分强悍。

日本在建造“大和”级战列舰时采取了极为严格的保密措施，致使各国海军在相当长的时间里都无法准确地掌握到该舰的情报，甚至美国人一度认为该舰主炮口径406毫米、排水量不过46000吨。首舰“大和”号服役后，便接替“长门”号战列舰作为山本五十六联合舰队的旗舰。“大和”号、“武藏”号服役后，先后参加了中途岛海战、马里亚纳海战、莱特湾海战、菲律宾战役，1945年4月7日，“大和”号在冲绳岛战役中被美军飞机击沉，1944年10月24日，“武藏”号在莱特湾海战中被鱼雷和炸弹击沉。

主要参数（“大和”号）			
标准排水量	65027 吨	最大航速	27 节
满载排水量	71659 吨	编制人数	2500~2800 人
舰长	263 米	续航力	7200 海里 /16 节
舰宽	38.9 米	舰载机	6 架零式水上侦察机、1 架零式水上观测机
吃水	11 米	主要武器	9 门 460 毫米主炮，6 门 155 毫米副炮，24 门 127 毫米高炮，162 门 25 毫米高炮，4 挺 13.2 毫米机枪（1945 年时）

日本“大和”级战列舰“大和”号

（十）美国“依阿华”级战列舰

“依阿华”级战列舰是美国第二次世界大战期间建造的新型战列舰，分别由纽约造船厂和费城造船厂建造，该级舰共建成“依阿华”号、“新泽西”号、“密苏里”号、“威斯康星”号 4 艘，另外 2 艘“伊利诺伊”号和“肯塔基”号被取消，舷号依次为 BB-61~BB-66。

首舰“依阿华”号于 1940 年 6 月 27 日动工，1942 年 8 月 27 日下水，1943 年 2 月 22 日服役；2 号舰“新泽西”号于 1940 年 9 月 16 日开工，1942 年 12 月 7 日下水，1943 年 5 月 23 日服役；3 号舰“密苏里”号于 1941 年 1 月 6 日开工，1944 年 1 月 29 号下水，1944 年 6 月 11 日服役；4 号舰 “威斯康星”号于 1942 年 1 月 25 日开工，1943 年 12 月 7 日下水，1944 年 4 月 16 日服役。

该舰标准排水量 45000 吨，满载排水量 58000 吨，舰长 270.4 米，舰宽 32.92 米，吃水 11 米，航速 31 节，续航能力 16600 海里 /15 节、9600 海里 /25 节；编制人员 2700 人（二战至越战时）、1800 人（冷战后）。

“依阿华”级战列舰装备 9 门轻量化 MK-7 型 406 毫米主炮，采用三联装主炮塔形式，其中 2 座位于舰体前部，另外 1 座位于舰艉方向，每座炮塔旋转部分重 1730 吨，需由 77 名官兵操纵。主炮配有穿甲弹、榴弹和人员杀伤弹，其中穿甲弹重 1225 千克，最大射程可达 39 千米。此外，还有 20 门（10×2），127 毫米副炮、60 门（15×4）40 毫米高炮、49 门单管 20 毫

米高炮。

第二次世界大战期间，“依阿华”级战列舰先后参加了马绍尔群岛、马里亚那、莱特湾、硫磺岛、冲绳岛等战役。其中，在“密苏里”号战列舰上还举行日本受降签字仪式。二战结束后，除“密苏里”号作为训练舰外，其余3艘均进行了封存。1951年朝鲜战争期间，4艘战列舰再次服役，战争结束后又一次全部封存。1968年，“新泽西”号又一次参加了越南战争。

1981年10月至1989年2月，美国对这4艘战列舰进行了现代化改装，每艘舰的改装费用3亿~4亿美元。经过此次改装，舰上新增8座4联装“战斧”巡航导弹、4座4联装“鱼叉”舰舰导弹、4座20毫米“密集阵”近程防御系统，并配有无人机和直升机起降平台，作战能力显著提升。作为最后的王者，“密苏里”号和“威斯康星”号参加了1991年的海湾战争，其中海湾战争中的第一枚“战斧”巡航导弹就是从“威斯康星”号发射出去的。1992年3月31日，美国最后一艘战列舰“密苏里”号退出现役，由此宣告战列舰时代彻底一去不复返。

美国“依阿华”级战列舰“依阿华”号

主要参数（依阿华号）			
标准排水量	45000 吨	最大航速	31 节
满载排水量	58000 吨	编制人数	2700 人
舰　　长	270.4 米	续 航 力	16600 海里 /15 节，9600 海里 /25 节
舰　　宽	32.92 米	主要武器	越南战争前：9 门 3 联装 406 毫米主炮，20 门双联装 127 毫米高平两用炮，60 门 4 联装 40 毫米高射炮，60 门 20 毫米高射炮。20 世纪 80 年代改装后：9 门 3 联装 406 毫米主炮，12 门双联装 127 毫米高平两用炮，32 枚 BGM-109“战斧”巡航导弹，16 枚 RGM-84“鱼叉”反舰导弹，4 座 20 毫米“密集阵”近防系统
吃　　水	110 米		

三、战列舰背后的故事

击沉“俾斯麦”

1940年6月，法国战败后，德国开始将注意力转移到大西洋航线上，为了切断大西洋航线上的运输，德国出动大量战舰对英国的运输船和护卫舰艇发动了一轮又一轮的袭击，英国商船损失惨重，平均每月损失货物50多万吨。为此，英国人恨得是咬牙切齿。

1941年5月，英国人报仇的日子到了。按照希特勒的指示，德国海军准备将刚建成的“俾斯麦”号派往大西洋，企图进一步加大对英国海上运输线的打击。5月18日，“俾斯麦”号在“欧根亲王”号重巡洋舰的护卫下，开始了它的首次远航。

“俾斯麦”号素有“不沉的海上堡垒”之称，是当时吨位最大的战列舰，装有口径380毫米主炮8门，中小口径各种火炮40多门，并配有4架水上飞机，舰舷装甲最厚的地方达320毫米。

5月20日，“俾斯麦”号和“欧根亲王”号在穿越丹麦与瑞典之间的斯卡特加特海峡时，被中立国瑞典的巡洋舰发现，随即这一消息被英国间谍发往伦敦。5月22日，英国海军侦察机飞行员清楚地发现两艘德国军舰，其中一艘就是“高大威猛”的“俾斯麦”号。

在情报千真万确的情况下，英国海军立即组建一个拦截舰队，实施截杀。拦截舰队由本土舰队司令托维海军上将指挥，下辖“胡德”号战列巡洋舰、“威尔士亲王”号战列舰、“乔治五世”号战列舰、“反击”号战列巡洋舰、“萨福克”号重巡洋舰、“伯明翰”号轻巡洋舰、“曼彻斯特”号轻巡洋舰、“荷密欧那”号轻巡洋舰、“阿罗拉”轻巡洋舰、“皇家方舟”号航空母舰等战舰。

5月23日，“俾斯麦”号和“欧根亲王”号开始驶向丹麦海峡。但是，两舰出发后不到2小时，英国军舰上的雷达就发现了它们。5月24日5时52分，英舰“胡德”号的8门381毫米主炮在22千米的距离上率先开火，然而，装备有雷达和射击

指挥装置的“胡德”号在第一次齐射时并没有击中“俾斯麦”号。相反，却是雷达和火炮装置经常发生故障的“威尔士亲王”击中了目标，但是对“俾斯麦”号并没有造成致命的破坏。

几乎与此同时，“俾斯麦”号的380毫米主炮也发出了怒吼，集中火力猛轰“胡德”号。第三次齐射时，1发炮弹落在“胡德”号主桅附近的甲板，引起大火，但是这发炮弹对“胡德”号也没有构成致命威胁。第四次齐射，“俾斯麦”号还是打偏了。但是第五次齐射却要了“胡德”号的命，1发穿甲弹钻到“胡德”号甲板下方，引起弹药库爆炸，开战仅6分钟“胡德”号便沉了下去。

“胡德”号沉没后，“俾斯麦”号便腾出手来对付“威尔士亲王”号，又将“威尔士亲王”号击伤，英舰随即施放烟雾，开始脱离战场。此时，受了伤的“俾斯麦”号无心恋战，继续前行。但是，由于油槽被对方击穿，“俾斯麦”号在海上留下了航行的痕迹，而且航速也降了下来，便为英国人提供了跟踪的机会。

5月26日，英国“皇家方舟”号起飞的侦察机发现了“俾斯麦”号的行踪。接到命令后，舰载鱼雷机迅速起飞，向“俾斯麦”号扑了过来。“俾斯麦”号防空炮火迅即实施反击，在空中编织出一道道耀眼的火网，英国鱼雷机不敢贸然靠近，匆忙中投出的鱼雷全部落空。

1小时以后，英国的第二波鱼雷机再次发动袭击。这一次，鱼雷机全然不顾，拼了老命，向“俾斯麦”号连连俯冲，又有两枚鱼雷成功命中，“俾斯麦”号动力螺旋桨被炸坏，操作舵失灵，“俾斯麦”号的厄运即将来临。

5月27日8时多，英国主力舰队全部到齐，展开了对“俾斯麦”号的围攻。此时“步履蹒跚”的“俾斯麦”号已被英国军舰团团围住，双方展开了激烈的炮战。上午10时，经过2小时的激战，“俾斯麦”号已是千疮百孔，既不能前进也不能后退，漂浮在海面上。10时36分，“俾斯麦”号又被3枚鱼雷击中，随着3声巨响，希特勒引以为荣的“俾斯麦”号连同舰上的1600名德军官兵慢慢沉入大西洋之中。

第三章　巡洋舰

一、巡洋舰概述

巡洋舰，是仅次于航空母舰和战列舰的一种大型军舰，是军舰家族的“老三”，英文名称Cruiser。巡洋舰装甲轻、速度快、火力强、巡航半径大，装备有较多的攻击型和防御型武器，主要担负战列舰、航空母舰的侦察、巡逻、掩护任务。

（一）巡洋舰的历史

巡洋舰与战列舰几乎同时产生。在战列舰主宰海上的时代，战列舰的地位十分重要，所有的舰艇都要以战列舰为核心，因此，需要一种舰艇用来为战列舰编队提供侦察、警戒、掩护，由此便产生了巡洋舰。

在早期的海战中，活动在战列舰周围的快速帆船可谓巡洋舰的鼻祖。由于当时战列舰没有装备雷达，侦察范围十分有限，整个舰队行动速度较慢，此时，一些快速帆船便在舰队的前后左右快速地驶来驶去，充当舰队的“眼睛”，为整个舰队提供早期预警。

由于巡洋舰具有十分重要的地位，许多国家便在建造战列舰的同时，也建造了大量的这种快速舰船。1812 年，英国海军现役战列舰为 124 艘，而风帆巡洋舰就有 112 艘。此外，为了打击海盗、保护海上运输线，许多国家也建有这种具有一定攻击能力、机动快速的舰船。

当蒸汽机技术应用到战列舰的时候，巡洋舰也从木质风帆时代转向蒸汽装甲时代。英国在建造“无畏”级战列舰的同时，开始配套建造“无畏”型巡洋舰，当时这种舰艇被称为战列巡洋舰。1908 年，英国建造了世界上第一批“常胜”级战列巡洋舰。该级舰排水量 1.73 万吨，航速 26.5 节，装备 8 门 356 毫米火炮、16 门 102 毫米火炮。

此后，英国相继建造了“林仙”级、“板烟”级、“加罗林”级、“奥罗拉”

级等巡洋舰，巡洋舰吨位不断增加，火炮口径不断增大，航速越来越快。为了巩固自身的海上地位，美国、德国、日本等国家也加大了建造巡洋舰的力度。如德国的“冯德坦恩”号战列巡洋舰比战列舰快 5 ~ 6 节，还能够布设水雷；美国建造的巡洋舰除装备口径 150 毫米火炮外，还有 10 具鱼雷发射管。

沙俄时期的“阿芙乐尔”号巡洋舰

德国“凯瑟琳·奥古斯塔”巡洋舰

第一次世界大战结束后签订的《华盛顿条约》，虽然规定巡洋舰的最大吨位不超过1万吨，主炮口径应小于战列舰的406毫米，但对其他方面限制并不严格。随后，一些国家便明里暗里突破条约的限制，挖空心思发展巡洋舰。如日本1927年建造的“高雄”号巡洋舰，排水量1.34万吨，航速34节，装有203毫米主炮10门、127毫米高炮8门、610毫米鱼雷发射管16具。

这一时期，巡洋舰主要朝着重型巡洋舰和轻型巡洋舰两个方向发展。条约解禁以后，各国建造巡洋舰的速度明显加快。巡洋舰的吨位持续增加，有些排水量超过了3万吨；航速更快，如美国的“阿拉斯加”号重巡洋舰，装备3座3联装304毫米大炮，航速达33节；装甲更厚，并具有对水下鱼雷的防护能力；装备有高炮、声纳、深水炸弹等多种武器，整体作战能力持续

增强。

第二次世界大战结束后，随着战列舰被航空母舰逐渐取代，巡洋舰的地位日渐衰落，许多国家不仅停止了新舰的建造，而且大批巡洋舰也开始陆续退役，许多国家开始发展驱逐舰和轻型航空母舰用来取代巡洋舰。但是，随着美苏两大阵营进行冷战对峙，这两个国家又启动了新型巡洋舰的研制，巡洋舰开始朝着核动力、导弹化方向发展。

巡洋舰作为海战史上的一种古老的舰种，随着科学技术的不断进步，其功能逐渐被驱逐舰和护卫舰所替代，总体数量不断减少。时至今日，除少数几个国家以外，巡洋舰已经退出了海战场。

（二）巡洋舰的分类

在不同的时代，巡洋舰有着不同的分类标准。19 世纪，曾把巡洋舰分为木质风帆巡洋舰、蒸汽装甲巡洋舰；第一次世界大战以后，将巡洋舰主要分为轻巡洋舰、重巡洋舰、辅助巡洋舰；二战以后，又将巡洋舰分为火炮巡洋舰和导弹巡洋舰，常规动力巡洋舰和核动力导弹巡洋舰。

其中，轻巡洋舰主要是指排水量小于 1 万吨、舰炮口径小于 155 毫米、续航距离 1 万海里以内的巡洋舰，其主要任务用来对空防御和对付轻型舰艇。重巡洋舰主要是指排水量大于 1 万吨、舰炮口径 155 毫米以上、续航距离 1 万海里以上的巡洋舰，其主要任务是协同战列舰、航空母舰作战，或者组成巡洋舰编队实施作战。辅助巡洋舰主要是指由商船改装、排水量 1 万吨以内、

航速 20 节左右的巡洋舰，其主要任务用于护航，保护己方海上交通线。

（三）巡洋舰的特点

一是排水量较小。巡洋舰是由战列舰派生出来的一种舰艇，在战列舰时代它只是一个“二等舰”，排水量通常为 1 万吨左右，只是在《华盛顿条约》解禁后，才有部分战列舰的排水量达到 3 万吨左右，即使如此，也要比战列舰小得多。

二是航行速度快。作为战列舰编队以及后来航母战斗群的“耳目”，追求高速度是许多国家建造巡洋舰的目标之一，相比战列舰而言，大多数巡洋舰的速度一般在 30 节以上，意大利的“罗马”级轻巡洋舰的航速甚至达到 40 节。

三是担负任务多。从巡洋舰的历史上看，其所担负的任务多种多样。除担负一般的巡逻、警戒任务外，还担任舰队的旗舰，以及参与对地攻击、对空防御、对舰攻击、反潜等任务。

二、经典巡洋舰

（一）英国“胡德”级巡洋舰

“胡德”级是英国第一次世界大战期间建造的战列巡洋舰。该级舰计划建造4艘，首舰“胡德”号于1916年9月1日正式开工，其他3艘同型舰“罗德尼”号、“豪”号、“安森”号也于同年陆续开工建造。但是，随着德国逐渐战败，第一次世界大战临近尾声，英国于1917年3月下令停建这3艘同型舰，只留下建造进度较快的“胡德”号继续建造，但同时也放慢了它的建造速度。

由于此前英国的战列舰装甲防护能力较弱，弹药库击中后极易爆炸，造成在日德兰海战中3艘战列巡洋舰因弹药库爆炸而葬身海底。为此，英国推迟了“胡德”号原定于1916年5月31日的开工日期。最终，该舰的主装甲带由203毫米增加到305毫米，装甲总质量由原设计的10100吨增加到13550吨；另外，还在舰体两侧水线以下装有凸出的防鱼雷隔舱，用来保护弹药库及动力舱室。

英国“胡德”级巡洋舰“胡德”号

主要参数			
标准排水量	42100 吨	最大航速	31 节（1920 年）,29 节（1941 年）
满载排水量	45200 吨（1920 年），48360 吨（1941 年）	编制人数	1169 人（1920 年）,1418 人（1941 年）
舰长	262.3 米	续航力	5332 海里 /20 节
舰宽	31.7 米	主要武器	8 门双联装 381 毫米主炮，16 门 101.6 毫米副炮，16 门双联装 40 毫米副炮，8 门单管 40 毫米副炮，20 挺 12.7 毫米机枪，2 座双联装 533 毫米水上鱼雷发射管
吃水	10.1 米		

1918年8月22日，“胡德”号巡洋舰下水，1920年5月5日开始服役。此时，该舰长262.3米，宽31.7米，吃水10.1米，标准排水量42100吨，满载排水量45200吨，最大航速31节，续航能力5332海里/20节，编制人数1169人，舰上装有8门（4×2）381毫米主炮，12门单管140毫米副炮，4门单管101.6毫米副炮，6座533毫米鱼雷发射管。

“胡德”号先后进行了多次改装。1941年时，该舰满载排水量48360吨，最大航速降为29节，编制人数增加至1418人，舰上装有8门（4×2）381毫米主炮，14门（7×2）101.6毫米副炮，16门（2×8）40毫米副炮，20挺12.7毫米机枪，2座双联装533毫米水上鱼雷发射管，可谓是世界上最大的巡洋舰。

该舰服役后，曾被任命为英国本土舰队旗舰。并作为大英帝国和皇家海军的形象大使，于1920—1929年与另外5艘轻巡洋舰进行了代号“帝国巡游”的环球航行，6次跨经赤道，共访问了26个港口，总行程达38153英里。

“胡德”号先后进行了多次改装。1941年5月24日，该舰与“威尔士亲王”号战列舰一起被派往丹麦海峡拦截德国“俾斯麦”号战列舰。然而，就是在这次截击任务中，被当作大英帝国海上国力象征的“胡德”号，在交火的6分钟后，被“俾斯麦”号发射的380毫米主炮炮弹直接命中，引发舰艉主炮弹药库内300吨炮弹爆炸，舰体断裂迅速沉没，全舰仅有3人获救，共有1418名官兵阵亡，其中包括舰队指挥官兰斯洛特·霍兰海军中将和舰长科尔上校。

（二）日本“妙高”级巡洋舰

“妙高”级巡洋舰是日本第一次世界大战后设计建造的万吨级重巡洋舰。该级舰由日本军舰设计师平贺让和藤本喜久雄设计，按照日本海军军舰的命名规则，该级舰均以山的名称命名，先后参加了侵华战争、太平洋战争。

该级舰共有 4 艘。首舰“妙高”号由横须贺海军造船厂建造，1924 年 10 月 25 日开工，1927 年 4 月 16 日下水，1929 年 7 月 31 日完工。1931 年、1935 年和 1937 年各进行了一次改装。1944 年 12 月在返回日本本土的途中被美军潜艇的鱼雷命中，被拖回新加坡，直到日本战败投降，战争结束后于 1946 年被英国海军击沉于马六甲海峡。

2 号舰“那智”号由吴海军工厂建造，1924 年 11 月 26 日开工，1927 年 6 月 15 日下水，1928 年 11 月 26 日完工。1935 年和 1937 年各进行了一次改装。1944 年 11 月在马尼拉湾被美军舰载机击沉。

3 号舰“羽黑”号由长崎三菱造船厂建造，1925 年 3 月 16 日开工，1928 年 3 月 24 日下水，1929 年 4 月 25 日完工。1935 年和 1937 年各进行了一次改装。1945 年 5 月在向安达曼群岛运送物资的途中，于马六甲海峡遭英国驱逐舰的鱼雷攻击而沉没。

4 号舰“足柄”号由神户川崎造船厂建造，1925 年 4 月 11 日开工，1928 年 4 月 22 日下水，1929 年 8 月 24 日完工。1935 年和 1939 年各进行了一次改装。1945 年 6 月 8 日在向雅加达运送物资返回新加坡时，于班加岛海域遭英国潜艇攻击而沉没。

该级舰是日本于 1922 年《华盛顿条约》生效后设计建造的巡洋舰，以火力、航速、防护力见长，是日本后续巡洋舰的标志。该级舰四周及炮塔加装有防护装甲，装甲总重达 1480 吨。最初该舰装有 10 门 200 毫米主炮，6 门 120 毫米高炮，12 座 610 毫米鱼雷发射管，水上侦察机 2 架，舰员 764 人。改装后，装有 10 门（5×2）203 毫米主炮，最大初速 870 米 / 秒，最大射程 26700 米，射速 3 发 / 分；8 门（4×2）127 毫米副炮，4 座 4 联装鱼雷发射管，24 门 25 毫米高炮（最终安装 48~52 门）。太平洋战争后期在后桅顶部加装 13 号雷达；水上侦察机 3 架；舰员 920~970 人。

日本“妙高”级巡洋舰“妙高”号

主要参数（改装后）			
标准排水量	11300 吨	最大航速	33 节
满载排水量	14190 吨	编制人数	920 ~ 970 人
舰长	201.7 米	续航力	7000 海里 /14 节
舰宽	19.5 米	主要武器	10 门 203 毫米主炮，8 门 127 毫米副炮，4 座四联装鱼雷发射管，24 门 25 毫米高射炮（最终安装 48~52 门）
吃水	6.28 米	舰载机	水上侦察机 3 架

（三）德国“希佩尔”级巡洋舰

“希佩尔”级巡洋舰是德国20世纪30年代自行设计建造的第一级重巡洋舰。第一次世界大战后，作为战败国，德国海军丧失了大部分军事力量。1933年，希特勒上台后，德国便秘密开始了大规模扩充海军活动。

1934年，为了暗中对抗法国建造的“阿尔及尔”号重巡洋舰，德国海军参谋部与克虏伯公司签订了制造203毫米舰炮的合同，以便为建造新型重巡洋舰作准备。1935年6月18日，英德签订《英德海军协定》后为德国建造新型重巡洋舰打开了法律大门。至此，“希佩尔”级巡洋舰建造计划全面启动。

该级舰计划建造5艘，均以德军海军名将命名，实际完工3艘。首舰“希佩尔海军上将”号于1935年7月6日在布洛姆·福斯船厂开工，1937年2月6日下水，1939年4月29日服役，1945年4月被英国飞机击伤，5月3日在基尔德意志船厂被其舰员炸毁。2号舰“布吕歇尔”号于1935年8月15日在德意志船厂开工，1939年6月8日下水，1939年9月20日服役，1940年4月9日被挪威岸防部队发射的2枚鱼雷击中，成为二战中第一艘被击沉的德国重型巡洋舰。

3号舰“欧根亲王”号于1936年4月23日在日耳曼尼亚船厂开工，1938年8月22日下水，1940年8月1日服役，1945年12月作为战利品交付给美国，于1946年12月22日作为核试验的靶舰在夸贾林环礁翻覆沉没。

4 号舰“塞德利茨”号于 1936 年 12 月 29 日在不莱梅船厂建造，1939 年 1 月 19 日下水，后来改装成航空母舰，但进度缓慢，于 1945 年 1 月 28 日 ~29 日自行炸沉。5 号舰“吕佐夫”号于 1937 年 8 月 2 日在不莱梅船厂开工，1939 年 7 月 1 日下水，1940 年 2 月 11 日卖给苏联，改名为“彼得罗巴甫洛夫斯克”号。

该级舰标准排水量为 16170 吨，满载排水量 18500 吨，远远超过《华盛顿条约》规定的 10000 吨，是当时世界上最重的重巡洋舰之一。该级舰长 202.8 米，宽 21.3 米，吃水 7.2 米，装有 3 台蒸汽轮机、12 台锅炉，最大功率达到 133631 马力，最大航速 32 节，续航能力 6800 海里 /20 节，舰员 1382 人。舰上装备 8 门 203 毫米主炮，炮身长 12.5 米，带炮座全炮重 20.7 吨，配有穿甲弹和榴弹，备弹 960~1280 发，弹重 122 千克，初速 920 米 / 秒（穿甲弹），射速 5 发 / 分，最大射程 33.5 千米。

两舷共有 12 门 105 毫米高平两用炮，弹重 27.35 千克，初速 900 米 / 秒，最大射程 17.7 千米，射速 15 发 / 分；12 门 37 毫米高炮，弹重 745 克，初速 1000 米 / 秒，有效射高 2000 米，最大射程 6750 米，射速 30~40 发 / 分；6 门 20 毫米高炮，弹重 0.132 千克，初速 900 米 / 秒，射程 4800 米。此外，还装有 4 座三联装 533 毫米鱼雷发射管，前 2 舰携雷 10 枚（后 3 舰 12 枚）。

主要参数			
标准排水量	16170 吨	最大航速	32 节
满载排水量	18500 吨	编制人数	1382 人
舰长	202.8 米	续航力	6800 海里 /20 节
舰宽	21.3 米	主要武器	8 门 203 毫米主炮，12 门 105 毫米高平两用炮，12 门 37 毫米高炮，6 门 20 毫米高炮，4 座 3 联装 533 毫米鱼雷发射管。
吃水	7.2 米	舰载机	Ar-196 水上飞机 3 架（侦察、校射和联络）

德国“希佩尔”级巡洋舰“希佩尔”号

（四）意大利“维托里奥·维内托”级直升机巡洋舰

“维内托”级导弹巡洋舰由意大利造船集团建造，该级舰只有“维托里奥·维内托”号1艘，是意大利自行建造的直升机巡洋舰，舷号C550。该舰于1965年6月10日动工，1967年2月5日下水，1969年7月12日服役，于1981年至1984年年初曾进行过现代化改装，主要担负舰艇编队中的反潜、反舰和防空作战任务。

该舰外观十分独特，上层建筑全部集中在舰体中前部，从舰艉到舰体中前部为直通甲板，甲板长40米、宽18.6米，而且高出一层，用于直升机起降，机库设在舰艉直升机飞行甲板下，被认为是巡洋舰与载机舰合二为一的杰作，甚至有些西方国家将其称为直升机母舰。

该舰装有“紫菀”双联装导弹发射装置，发射“标准–1”型舰对空导弹，采用指令制导，半主动雷达寻的，飞行速度2.5马赫，射程64千米，最多载弹60枚。装有“特赛奥”导弹发射装置，发射奥托·梅莱拉公司的“奥托马特”MK2型反舰导弹，采用惯性巡航，主动雷达寻的，飞行速度0.9马赫，射程180千米，战斗部重210千克，攻击末段采用掠海飞行，备弹4枚。装有8座“奥托·梅莱拉”76毫米舰炮，射速55~65发/分，射程8千米。装备3座布雷达公司生产的双联装“达多”40毫米高炮，射速300发/分，对空射程4千米。

该舰具有远、中、近三层反潜作战能力。其中，远程反潜作战任务由

6 架 AB212 型反潜直升机担任，最大航程 667 千米，每架直升机携带 2 枚 MK46 鱼雷。中程反潜作战任务由舰载“阿斯洛克”反潜导弹担任，采用惯性制导，射程 1.6~10 千米，战斗部为 MK46 鱼雷，与舰对空导弹共架发射。近程反潜任务由舰载 MK46 反潜鱼雷承担，装有 2 座美制 MK32 型三联装 324 毫米鱼雷发射管，发射 MK46 反潜鱼雷，该型鱼雷采用主 / 被动寻的，航速 40 节，射程 11 千米，战斗部重 44 千克。

“维托里奥 · 纳内托”号装备有休斯公司生产的 SPS52C 远程三坐标对空搜索雷达 1 部，搜索距离 440 千米；塞莱尼亚公司生产的 SPS768 型对空搜索雷达 1 部，搜索距离 220 千米；SPS702 型对海搜索 / 目标指示雷达 1 部；SPS748 型导航雷达 1 部；塞莱尼亚公司的 SPG70 型舰炮火控雷达 4 部，搜索距离 40 千米；塞莱尼亚公司的 SPG74 型高炮火控雷达 2 部，搜索距离 13 千米；美国斯佩里无线电公司 SPG55C 型“标准”导弹火控雷达 2 部，搜索距离 51 千米；以及敌我识别雷达、战术导航设备、SADOC1 作战数据自动处理系统等。

主要参数			
标准排水量	7500 吨	飞行甲板宽	18.6 米
满载排水量	8850 吨	最大航速	30 节
舰　　长	179.6 米	编制人数	557 人
舰　　宽	19.4 米	舰载机	9 架贝尔·AB204 型或 6 架贝尔·AB212 型反潜直升机。
吃　　水	6 米	续航力	5000 海里 /17 节
飞行甲板长	40 米	主要武器	8 座 76 毫米舰炮，1 座双联装“标准 -1”型舰对空导弹发射装置，4 座 MK-2 型舰舰导弹发射装置，2 座 3 联装 324 毫米鱼雷发射管，3 座双联装 40 毫米舰炮

意大利“维托里奥·维内托”级直升机巡洋舰

（五）美国“长滩”级核动力导弹巡洋舰

“长滩”级核动力导弹巡洋舰是美国第二次世界大战以后设计建造的世界上第一艘核动力导弹巡洋舰，由美国伯利恒钢铁公司建造，该级舰仅建造1艘，命名为“长滩”号，舷号CGN-9。该舰于1957年12月2日开工，1959年7月14日下水，1961年9月9日服役，主要担负航母战斗群的对空、反潜警戒任务，20世纪70年代末至80年代进行多次现代化改装，1995年5月1日退役。

该舰标准排水量15540吨，满载排水量17525吨，舰长219.84米，舰宽21.79米，吃水9.32米，编制人员1160人，装备有2座压水反应堆、2台大型蒸汽涡轮发动机，航速30节。1964年，该舰与“企业”号航空母舰所组成的特混舰队，在64天的时间里环绕地球一周，航程达30000英里，并且在行驶期间没有进行燃料补给。

该舰是美国第一级参加过实战的核动力巡洋舰。越南战争期间，“长滩”号被派往越南战场，担负协同航空母舰作战任务。1968年，该舰在越南北部水域使用“黄铜骑士”舰空导弹击落了60海里外的2架苏制米格战机。

该舰在20世纪80年代初期进行了大规模改装，将过时的“黄铜骑士”舰对空导弹换装成“小猎犬”舰对空导弹，先后装备了2座4联装“鱼叉”舰舰导弹发射装置、2座4联装“战斧”巡航导弹、2座双联装标准SM-2ER防空导弹、1座八联装“阿斯洛克”反潜导弹和2座127毫米高平两用炮。

此外，该舰还装备有较为先进的电子设备，主要包括 :SPS-48C 对空、SPS-49 对空、SPS-67 对海、SPG-55D 火控、MK-35 火控、LN-66 导航雷达，SQQ-23B 声纳，MK-36SRBOC 干扰火箭发射器，SLQ-32V（3）雷达报警与干扰系统，目标检测与跟踪系统，卫星通信系统，以及“战斧”式巡航导弹、“鱼叉”反舰导弹控制系统等。

主要参数			
标准排水量	15540 吨	最大航速	30 节
满载排水量	17525 吨	编制人数	1160 人
舰　　长	219.84 米	续 航 力	140000 海里 /20 节
舰　　宽	21.79 米	主要武器	2 座 4 联装“战斧”巡航导弹，2 座 4 联装“鱼叉”舰舰导弹，2 座双联装 MK-10 型舰空导弹，1 座 8 联装 MK-16 型“阿斯洛克”反潜导弹，2 座 MK-30 型 127 毫米舰炮，2 座 20 毫米“密集阵”机关炮，2 座 3 联装 324 毫米 MK-32 型鱼雷管
吃　　水	9.32 米		

美国“长滩”级核动力导弹巡洋舰

（六）美国“弗吉尼亚”级核动力导弹巡洋舰

“弗吉尼亚”级导弹巡洋舰由美国纽波特纽斯造船厂设计建造。为了适应“尼米兹”级核动力航母远洋作战的需要，美国海军继“加利福尼亚”级核动力导弹巡洋舰后，开始建造更新型的“弗吉尼亚”级核动力导弹巡洋舰。该级舰最初被定为核动力导弹驱逐舰，1975 年 6 月 30 日，美国舰队分类标准出台后，与“加利福尼亚”级一道升格为核动力导弹巡洋舰，主要担负航母编队的远程防空、反潜和反舰任务，以及支援两栖作战。

该级舰以美国的州名命名，计划建造 8 艘，但由于造价昂贵，以及新型的“提康德罗加”级已经开始大量服役，实际只建造 4 艘，现已全部退役。首舰“弗吉尼亚”号（舷号 CGN38），1972 年 8 月 19 日开始建造，1974 年 12 月 14 日下水，1976 年 11 月 9 日服役，1994 年 11 月 10 日退役；2 号舰“得克萨斯”号（舷号 CGN39），1973 年 8 月 18 日开始建造，1975 年 8 月 19 日下水，1977 年 9 月 10 日服役，1993 年 7 月 16 日退役；3 号舰“密西西比”号（舷号 CGN40），1975 年 2 月 22 日开始建造，1976 年 7 月 31 日下水，1978 年 8 月 5 日服役，1997 年 7 月 28 日受损退役；4 号舰“阿肯色”号（舷号 CGN41），1977 年 1 月 17 日开始建造，1978 年 10 月 21 日下水，1980 年 10 月 8 日服役，1998 年 7 月 7 日退役。

该级舰舰身细长，艉部为凸式方尾，上层建筑分为首尾两部分，舰艉末端为直升机飞行甲板，甲板下方舰体内建有机库，是美国海军战后第一艘采用舰体机库的巡洋舰。该舰安装有 2 台压水冷却反应堆，总功率 70000 马力，

使用周期十年，最大航速超过 30 节，舰员 579 人。

20 年纪 80 年代以后，该级舰先后进行了数次现代化改装。舰上武器装备主要有：首尾各 1 座单管 127 毫米舰炮；2 座 4 联装“鱼叉”反舰导弹发射架，该弹 0.9 马赫时射程 130 千米；2 座 MK-44 型 4 联箱式“战斧”巡航导弹发射装置，可发射对地攻击型“战斧”和反舰型“战斧”，其中采用常规装药的对地型射程为 1300 千米，命中误差仅为 10 米，反舰型的射程 450 千米；1 座 MK-26 型双联装“标准 -2”舰空导弹发射架，备弹 44 枚；2 座 MK-15“密集阵”近程防空系统；1 座 MK-26 型双联装反潜导弹发射装置，与“标准”导弹共用发射架，携带“阿斯洛克”反潜导弹 24 枚；2 座 3 联装 MK-32 型反潜鱼雷发射管；2 架轻型多用途直升机。

该级舰配有先进的情报、火控和指挥系统。舰桥下方装有集成的作战指挥系统，由海军战术数据系统、MK-2 型火炮火控系统、MK-74 型导弹火控系统和 MK-116 型反潜火控系统组成，包括 7 台 AN/UYK7 型计算机、19 台操作控制台和 2 台舰长用大型水平控制台。此外，还装有 AN/SPS-48 三坐标对空搜索雷达，AN/SPS-49 两坐标对空搜索雷达，AN/SPS-55 对海搜索雷达，AN/SPQ-9 炮瞄雷达，AN/SPG-51 导弹火控雷达，AN/SQQ-26 声纳，AN/SLQ-32 电子战系统，Mark36 干扰弹发射器。

主要参数

标准排水量	10633 吨	最大航速	30 节
满载排水量	11666 吨	编制人数	579 人
舰　　长	179 米	舰 载 机	2 架（直升机平台后被战斧导弹发射架占用）
舰　　宽	19 米	主要武器	2 座单管 127 毫米舰炮，2 座 4 联装鱼叉反舰导弹发射架，2 座标准舰空导弹 /“阿斯洛克”反潜导弹通用发射架，2 座 4 联装战斧巡航导弹发射架，2 座 20 毫米密集阵高炮，2 座 3 联装 MK-32 型反潜鱼雷发射管
吃　　水	10 米		

美国“弗吉尼亚”级核动力导弹巡洋舰“弗吉尼亚”号

（七）苏联“卡拉”级导弹巡洋舰

“卡拉”级导弹巡洋舰是苏联20世纪70年代前期建成的第一级大型巡洋舰，苏联海军自己称其为“尼古拉耶夫”级，而北约称其为“卡拉”级。该级舰是苏联第一代燃气轮机导弹巡洋舰，主要担负远洋反潜任务，因此又称其为大型反潜舰。

该级舰共建7艘，首舰“尼古拉耶夫”号于1968年6月25日建造，1969年12月19日下水，1971年12月31日完工，1992年10月29日退役，1994年拆毁；2号舰“奥恰科夫”号于1969年12月19日建造，1971年4月30日下水，1973年11月4日完工，1993年该舰因火灾而退役；3号舰“刻赤”号于1971年4月30日建造，1972年7月21日下水，1974年12月26日完工。

4号舰“亚佐夫”号于1972年7月21日建造，1973年9月14日下水，1975年12月25日完工，1998年12月28日退役；5号舰“彼得罗巴甫洛夫斯克”号于1973年9月9日建造，1974年11月22日下水，1976年12月29日完工，1996年作为废铁出售；6号舰“塔什干”号于1974年11月22日建造，1975年11月5日下水，1977年12月21日完工，1994年作为废铁出售；7号舰“塔林”号（也称“符拉迪沃斯托克”号）于1975年11月5日建造，1976年11月5日下水，1979年12月31日完工，1994年作为废铁出售。其中“奥恰科夫”“刻赤”“亚佐夫”号部署在黑海舰队，其余4艘部署在太平洋舰队服役。

该级舰标准排水量 8200 吨，满载排水量 9700 吨，舰长 173.2 米、宽 18.6 米、吃水 6.7 米，装备 6 台燃气轮机，最大航速 34 节，航速 30 节时续航力 2500 海里，以 15 节航速行驶时续航力 9000 海里，搭载 1 架卡 –25 或卡 –27 反潜直升机，舰员 380 人。

该级舰装备 2 座 4 联装 SS–N–14 反潜导弹发射架（8 枚），2 座双联装 SA–N–3 舰对空导弹发射架（48 枚），2 座 6 管 SA–N–6 舰对空导弹垂直发射架（36 枚），2 座双联装 SA–N–4 舰对空导弹发射架（40 枚），2 座 76 毫米双联装两用全自动炮，4 座 30 毫米 6 管全自动速射炮，2 座 12 管 RBU600 反潜火箭发射器，2 座 6 管 BU1000 反潜火箭发射器，2 座 5 联装 533 毫米鱼雷发射管。

该级舰是在“克列斯塔Ⅱ”级巡洋舰的基础上发展起来的，增加了 SA–N–4 导弹，并将 57 毫米高炮替换为 76 毫米高炮。该级舰与“克列斯塔Ⅱ”级的主要区别在于，该级舰前面为 1 座 76 毫米炮、后面为 2 座 30 毫米机关炮，而“克列斯塔Ⅱ”级刚好相反。此外，该级舰还装备有大量的电子设备，主要包括 5 部警戒雷达、8 部火控雷达、13 部电子对抗设备和 2 部水下探测装置等。

苏联“卡拉”级导弹巡洋舰“刻赤”号

主要参数			
标准排水量	8200 吨	最大航速	34 节
满载排水量	9700 吨	编制人数	380 人
舰　　长	173.2 米	续 航 力	9000 海里 /15 节
舰　　宽	18.6 米	舰 载 机	卡 -25 或卡 -27 直升机 1 架
吃　　水	6.7 米	主要武器	2 座 4 联装 SS-N-14 反潜导弹发射架，2 座双联装 SA-N-3 舰对空导弹发射架，2 座 6 管 SA-N-6 舰对空导弹垂直发射架；2 座双联装 SA-N-4 舰对空导弹发射架，2 座 76 毫米双联装两用全自动炮，4 座 30 毫米 6 管全自动速射炮，2 座 12 管 RBU6000 反潜火箭发射器，2 座 6 管 BU1000 反潜火箭发射器，2 座 5 联装 533 毫米鱼雷发射管

（八）苏联“基洛夫”级核动力导弹巡洋舰

“基洛夫”级核动力导弹巡洋舰始建于20世纪70年代中期，计划建造5艘，实际建造4艘，是苏联的第一代大型核动力导弹巡洋舰，由波罗的海船厂建造，是二战结束后世界上最大的巡洋舰，也是世界上第一艘装备垂直发射系统的水面舰艇。

首舰“基洛夫”号于1974年3月26日建造，1977年12月27日下水，1980年12月30日服役，苏联解体后改名为“乌沙科夫海军上将”号；2号舰“伏龙芝”号于1978年7月26日建造，1981年5月26日下水，1984年10月31日服役，改名为“拉扎耶夫海军上将”号；3号舰“加里宁”号于1983年7月21日建造，1986年3月4日下水，1988年12月30日服役，改名为“纳希莫夫海军上将”号。

4号舰“安德罗波夫”号于1986年3月11日建造，1989年4月29日下水，1998年4月9日服役，改名为“彼得大帝”号。目前，该级舰仅剩“彼得大帝”号在北方舰队服役；5号舰“捷尔任斯基”号，后改为“库兹涅佐夫海军元帅”号，1990年10月4日取消建造。

“基洛夫”级导弹巡洋舰长250.1米、宽28.5米、吃水10.3米，标准排水量23750吨，满载排水量25860吨，最大航速31节，搭载3架卡-25或卡-27直升机，舰员759人，主要担负远洋反舰、反潜和防空作战任务。该级舰装有20座SS-N-19型舰对舰导弹垂直发射装置（20枚），12座

SA-N-6 远程舰空导弹垂直发射装置（96 枚），装备各型导弹近 500 枚，数量远远超过美国载弹量最大的“提康德罗加”级导弹巡洋舰。

该级舰舰载武器装备略有不同，“基洛夫”号装备 2 座单管 100 毫米舰炮，后续舰则为 1 座 AK-130DP 多用途双管舰炮，兼具对空射击和对陆攻击；除“基洛夫”号装备 2 座 SA-N-4 型近程舰空导弹双联发射架（40 枚）外，其余各舰换装为 2 座 SA-N-9“长手套”中程防空导弹垂直发射装置（128 枚）；除首舰和 2 号舰装备有 8 座 30 毫米 6 管机关炮外，后 2 艘舰均装备“卡什坦”防空导弹 / 舰炮近防系统；“基洛夫”号装备 2 座 5 联装 533 毫米鱼雷发射管和 2 座 12 管 RUB600 反潜火箭发射装置，后续舰装备 2 座 6 管 RBU1000 和 10 管 RBU12000 反潜火箭发射装置。

“基洛夫”级核动力导弹巡洋舰除具有强大的火力外，还装备有大量的电子设备，其中包括“顶对”对空雷达，“顶舵”对空 / 对海雷达，“棕榈叶”直升机导航雷达，“圆顶”SA-N-6 用火控系统，“眼纹碗”SA-N-4 用火控系统，“枭叫”AK-100 或 AK-130 用火控系统，“叉剑”SA-N-9 用火控系统，“高杆 A”和“高杆 B”敌我识别装置，卫星数据接收系统，中、低频声纳，双联装 150 毫米火箭干扰器等。

苏联“基洛夫”级导弹巡洋舰“伏龙芝”号

主要参数	
标准排水量	23750 吨
满载排水量	25860 吨
舰　　长	250.1 米
舰　　宽	28.5 米
吃　　水	10.3 米
最大航速	31 节
编制人数	759 人
续 航 力	14000 海里 /31 节
主要武器	0 座 SS-N-19 舰对舰导弹发射装置，12 座 SA-N-6 舰对空导弹垂直发射装置，2 座双联装 SA-N-4 舰对空导弹发射装备，1 座双联装 SS-N-14 反潜导弹发射装备，2 门单管 100 毫米舰炮，2 座 5 联装 533 毫米鱼雷发射器、1 座 12 管 RBU-6000 型反潜火箭发射装置，2 座 6 管 RBU-1000 型反潜火箭发射装置
舰载机：	3 架卡 -25 或卡 -27 直升机

（九）俄罗斯“光荣”级导弹巡洋舰

“光荣”级导弹巡洋舰由苏联尼古拉耶夫造船厂建造，代号1164型，于20世纪70年代末期开工建造，计划建造6艘，在苏联解体前共有3艘完工，分别是“光荣”号、“乌斯季诺夫元帅”和“红色乌克兰”号，未建造及未完工的分别是“共青团员”号、“俄罗斯”号和“戈尔什科夫苏联海军元帅”号。

首舰“光荣”号于1976年11月5日开工，1979年7月27日下水，1982年12月30日服役，为俄罗斯黑海舰队旗舰，苏联解体后改名为“莫斯科”号，舷号121。2号舰“乌斯季诺夫元帅”号于1978年10月5日开工，1982年2月25日下水，1986年9月15日服役，为北方舰队旗舰，名称未变，舷号055。3号舰“乌克兰”号于1979年7月31日开工，1983年8月28日下水，1989年12月25日服役，为太平洋舰队旗舰，后改名为“瓦良格”号，舷号011。

4号舰“共青团员”号，后改名“乌克兰”号，1984年8月29日开工，1990年8月11日下水，完成96%建造任务后停工；5号舰“俄罗斯”号，后改名“十月革命”号，1988年开工，后取消建造；6号舰“戈尔什科夫苏联海军元帅”号未建造。

“光荣”级导弹巡洋舰是苏联建造的第三代导弹巡洋舰。该级舰装备“顶舵”三坐标远程预警雷达，“顶对”三坐标对空远程预警雷达，“圆顶”“气枪群”导弹火控雷达，“枭叫”“歪极树”炮瞄雷达，“棕榈叶”导航雷达，“高杆 B”敌我识别雷达，以及“边球”“酒桶”“钟钳”系列电子对抗雷达，1 部舰壳式低频声纳和 2 部拖曳式中频声纳。

该级舰具有防空、反舰、反潜和对岸攻击等综合作战能力，装备 1 座双联装 130 毫米主炮，16 具双联装 SS-N-12 远程舰舰导弹发射装置（每侧 8 具），8 座 SA-N-6 防空导弹发射装置，2 座双联装 SA-N-4 防空导弹发射装置，6 座 AK630 型 6 管 30 毫米机关炮，2 座 2 管 RBU-6000 型反潜火箭发射装置，8 座 533 毫米鱼雷发射装置。其中，SS-N-12 射程为 30 ~ 550 千米；SA-N-6 射程 50 ~ 80 千米，拦截高度 25 ~ 25000 米；SA-N-4 射程 10 ~ 15 千米，拦截高度 10 ~ 3300 米。

俄罗斯“光荣”级导弹巡洋舰“光荣”号

主要参数			
标准排水量	9300 吨	编制人数	485 人
满载排水量	11280 吨	续航力	6517 海里 /18 节
舰长	186.4 米	舰载机	1 架卡 -27 直升机
舰宽	20.8 米	主要武器	装备 1 座双联装 130 毫米主炮，16 具双联装 SS-N-12 远程舰舰导弹发射装置（每侧 8 具），8 座 SA-N-6 防空导弹发射装置，2 座双联装 SA-N-4 防空导弹发射装置，6 座 AK630 型 6 管 30 毫米机关炮，2 座 2 管 RBU-6000 反潜火箭发射装置，8 座 533 毫米鱼雷发射装置
吃水	8.4 米		
最大航速	32 节		

（十）美国“提康德罗加”级导弹巡洋舰

“提康德罗加”级导弹巡洋舰由美国英格尔斯造船公司和巴斯钢铁公司分别建造，是世界上首型安装“宙斯盾”舰对空导弹武器系统的巡洋舰，是当今世界上最先进的巡洋舰，被誉为“当代最先进的巡洋舰”“具有划时代的战斗力和生命力”，该级舰共有27艘，舷号依次为CG47～CG73，主要担负航母特混舰队的对空防御任务。

首舰“提康德罗加”号于1980年1月动工兴建，1981年4月下水，1983年1月正式服役。其余各舰分别是“约克城”“文森斯”“福吉谷”“盖茨”“邦克山”“莫比尔湾”“安提坦”“莱特湾”“圣哈辛托”“张伯伦湖”“菲律宾海”“普林斯顿”“诺曼底”“蒙特里”“切斯劳维尔”“考彭斯”“葛底斯堡”“乔辛”“休城”“西罗”“安齐奥”“维克斯堡”“伊利湖”“圣乔治角”“维拉湾”和“皇家港”号。1994年7月，最后一艘“皇家港”号装备美国海军，至此，该级舰的建造计划全部完成。其中，前5艘舰已于2004年至2006年退役。

该级舰的最大亮点是装备有“宙斯盾”系统。“宙斯盾”系统由相控阵雷达、指挥决策系统、武器控制系统、导弹火控系统、导弹发射系统以及战备检查系统6大部分组成。其核心是SPY-1A/B相控阵雷达，主要武器是“标准-2”舰空导弹。其中，相控阵雷达由4块八角形的平面天线阵所组成，共有4480个辐射单元，安装在舰体上层建筑的四周，通过计算机对各辐射单元进行相位控制，具有搜索、跟踪和制导等多种功能，能同时跟踪和处理

来自空中、水面和水下近百个目标，并向编队其他舰只及时传送警戒、跟踪、射击数据；对空最大搜索距离 400 千米，可同时监视 400 个目标，并自动跟踪其中的 100 个，被称为“宙斯盾”系统的“眼睛”。

该级舰火力十分强大，除前 5 艘使用 2 座 MK-26-5 型双联导弹发射装置外，从第 6 艘“邦克山”号起全部装备先进的 MK-41 型导弹垂直发射系统，可混装“标准”或“战斧”导弹 122 枚，其中，“标准 -2”舰空导弹采用指令加惯性制导，半主动雷达寻的，2 马赫时射程 73 千米；“战斧”式巡航导弹射程 1300 千米以上，飞行速度 0.7 马赫。配有 2 座 MK-15 型 20 毫米 6 管“密集阵”防空系统，反应时间 3.7 秒，发射速度 3000 发 / 分。装有 2 座四联装“鱼叉”反舰导弹发射装置，0.9 马赫时射程 130 千米。首尾各装有 1 座 127 毫米舰炮，射程 27 千米，如采用远程制导炮弹，射程达 140 千米，命中精度 10 米。另外，还装有 2 座 3 联装 MK-32 型 324 毫米鱼雷发射管，带弹 36 枚，射程 11 ~ 15 千米，以及 8 座 MK-36-2 型 6 管干扰弹发射装置。

该级舰标准排水量 7652 吨，满载排水量 9800 吨，舰长 172.8 米，宽 16.8 米，吃水 9.7 米，装备 4 部 LM-2500 燃气轮机，最大航速 32.5 节，续航能力 6600 海里 /20 节，3300 海里 /30 节，全舰舰员 358 人，其中军官 24 名，搭载 SH-60 海鹰直升机 2 架。1988 年，由于雷达判断错误，“文森斯”号曾发生误击伊朗航空 655 号班机事件。1991 年，“提康德罗加”等 10 艘该级舰参加了海湾战争。

美国“提康德罗加”级导弹巡洋舰“皇家港”号

主要参数					
标准排水量	7652 吨	主要武器	2 座 127 毫米主炮，2 座 MK-41 垂直发射系统（“标准”舰对空导弹 82 枚，“战斧”巡航导弹 16 枚，“阿斯洛克”反潜导弹 24 枚），2 座 4 联装“鱼叉”舰对舰导弹发射装置，2 座 MK-15 型 20 毫米 6 管“密集阵”防空系统，8 座 6 管 MK36-2 型干扰火箭	舰载机	SH-60 海鹰直升机 2 架
满载排水量	9800 吨			电子设备	SPY-1A/B 相控阵雷达 1 部，远程对空警戒雷达 1 部，对海警戒雷达 1 部，导航雷达 1 部，火炮火控雷达 1 部，导弹制导雷达 4 部，“塔康”空中战术导航雷达 1 部，声纳 3 部，SIQ-32（V）3 电子战系统 1 套，作战数据链及卫星通信系统
舰长	172.8 米				
舰宽	16.8 米				
吃水	9.7 米				
最大航速	32.5 节				
编制人数	358 人				
续航力	6600 海里 /20 节				

三、巡洋舰背后的故事

阿根廷痛失“贝尔格拉诺将军”号

“贝尔格拉诺将军”号，原名“凤凰城”号，是美国的一艘巡洋舰，二战后卖给了阿根廷，为“布鲁克林”级巡洋舰。该舰于1935年建造，1938年3月下水，标准排水量9575吨，满载排水量12242吨，舰长185.4米，舰宽18.8米，吃水5.9米，最大航速32.5节。装备有15门152毫米主炮，8门127毫米高射炮，若干门40毫米及20毫米机关炮，2座英制“海猫”舰空导弹系统（1968年加装），2架直升机。

该舰是珍珠港事件中成功逃出港口的少数军舰之一，曾是麦克阿瑟将军的座舰，在第二次世界大战中多次负伤，中过鱼雷、吃过炮弹，最终迎来了二战的胜利。1946年7月，该舰退役。1951年，美国以当时100万美元的价格卖给了阿根廷，加上改装费总共500万美元。1951年，该舰再次服役，最初命名为“十月十七日”号，1965年改称为“贝尔格拉诺将军”号，是阿根廷海军的主力战舰。

1982年4月2日，阿根廷出兵马尔维纳斯群岛，马岛战争由此打响。4月26日，“贝尔格拉诺将军”号和另外2艘驱逐舰从阿根廷乌修埃阿海军基地出发，与阿根廷的“5月25日”号航母编队以及另外一个水面舰艇编队，活动在马岛战区南方海域，伺机对英军采取行动。

阿根廷占领马岛后，英国很快就派出了特混舰队，并宣布马岛周围200海里为封锁区，任何进入该海域的阿根廷船只都有可能遭到攻击。借助先进的卫星情报，英国人发现阿根廷海军的三个舰艇编队一直活动在封锁区外围，如果对此置之不理，一旦英军实施登陆作战，这三个海军编队就会从背后插上一刀，令英军腹背受敌。

到底打还是不打，英国方面对此争执不休。以当时英军特混舰队司令官伍德沃德少将为首的一方坚持认为，只有打才能保证英军的安全。而此时，英军的数艘潜艇就秘密活动在“贝尔格拉诺将军”号所在的水域。在伍德沃德少将的再三坚持下，时任英国首相撒切尔夫人最终批准了对“贝尔格拉诺将军”号的攻击命令，并将攻

击指令下达给“征服者”号潜艇。

“征服者”号是英国“勇敢”级攻击型核潜艇中的第二艘，1971年服役，水上排水量4400吨，水下排水量4900吨，艇长86.9米，艇宽10.1米，吃水8.2米，水面航速20节，水下航速30节，下潜深度300米。该艇装备有6具533毫米鱼雷管，可发射“鱼叉”反舰导弹和先进的“虎鱼”式鱼雷，以及MK-8型鱼雷。

接到攻击命令后，“征服者”号拉斯艇长根据三天来的连续跟踪情况，判断阿根廷水面舰艇根本就没有进入禁航区的意图，于是决定越线主动出击。可悲的是“贝尔格拉诺将军”号的声纳早就坏了，根本就不能用，而另外2艘驱逐舰自以为活动在禁航区以外，甚至连声纳系统都没有打开。

按照国际公约，英军不能对禁航区外的目标实施攻击，可拉斯艇长根本不管那么多，命令潜艇赶快追上正掉头向阿根廷大陆方向返回的“贝尔格拉诺将军”号。15时30分（阿根廷时间下午），“征服者”号悄悄接近了“贝尔格拉诺将军”号。而此时，“贝尔格拉诺将军”号上的大多数人员正在午睡。

15时57分，“征服者”号在“贝尔格拉诺将军”号的左侧舰艏方向抢占了最佳的发射阵位。当听到声纳兵“倾角92°，距离1400码”的报告后，拉斯艇长果断下达“1至3号鱼雷管，预备！发射！”的指令，只见3道闪光直奔“贝尔格拉诺将军”号而去，紧接着，便传来两响震耳欲聋的爆炸声。

“征服者”号潜艇本来配备有新型的“虎鱼”式鱼雷，但为了保证一击成功，拉斯艇长决定使用老旧的无制导MK-8型鱼雷发动攻击。MK-8型鱼雷是英国20世纪30年代的产品，采用热动力推进，鱼雷直径533.4毫米，长度6500毫米，重1453千克，装药220千克，采用触发引信，最大航速46节，航程5850米。

虽然“征服者”号发射的3枚鱼雷中有1枚打偏了，但是命中的这2枚鱼雷还是要了“贝尔格拉诺将军”号的命。其中1枚击中了舰身中部的一号炮塔前面的水下部分，另一枚击中了位于舰艉的左机舱。

2声巨响过后，“贝尔格拉诺将军”号顿时失去了动力；共有275人在爆炸中丧生；无线电设备损坏，无法发出求救讯号；舰体多处破裂，大量海水涌进舱内；由于电力中断，无法把水抽走，舰体产生倾斜，并开始下沉。16时24分，眼见大势已去，头部受伤的邦佐舰长只好下令弃舰逃生。45分钟后，“贝尔格拉诺将军”号便沉入4000米深的大西洋海底。

“贝尔格拉诺将军”号被鱼雷击中后，虽然舱室内浓烟滚滚，但并没有发生大火。由于没有看到“贝尔格拉诺将军”号发出的求救火箭和无线电讯号，附近的2艘驱逐舰继续向西航行。等他们发现情况不对劲的时候，天色已经暗了下来，恶劣的天气早就将救生艇冲散了。

5月3日至5日，阿根廷及智利船只相继从水中救出了770人，而一些人则在寒冷的天气、狂风及巨浪下被冻死在救生艇上。此战，阿根廷共有323人丧生，几乎相当于马岛战争中阿根廷伤亡总人数的一半。

第四章　驱逐舰

一、驱逐舰概述

驱逐舰是一种多用途的中型军舰，是 19 世纪 90 年代以来海军重要的舰种之一，英文名称 Destroyer。驱逐舰以导弹、鱼雷、舰炮等为主要武器，是现代海军舰艇中用途最广泛、数量最多的舰艇，主要担负防空、反潜、反舰、对地攻击、护航、侦察、巡逻、警戒、布雷等作战任务，有“海上多面手”称号。

（一）驱逐舰的历史

19世纪70年代，随着鱼雷艇的问世以及大量投入到海战之中，西方国家开始研制一种专门对付鱼雷艇的舰艇，称之为“鱼雷艇驱逐舰”。1893年，英国建成了世界上第一艘鱼雷艇驱逐舰—“哈沃克”号。该舰排水量240吨，航速27节，装有1座76毫米火炮和3座47毫米火炮，携带3枚450毫米鱼雷，具备连续攻击2艘鱼雷艇的能力。

“哈沃克”号鱼雷艇驱逐舰的出现引起了各国海军的高度关注，法、德等国纷纷效仿研制。1886年12月，德国研制的“D1”号鱼雷艇驱逐舰下水，一年后加大版“590”号建成，装有3座50毫米舰炮和3具450毫米鱼雷发射管，航速26.4节，与英国鱼雷艇驱逐舰的性能十分接近。1889年11月，英国研制的“蝮蛇”号航速甚至达到36节。

第一次世界大战前，驱逐舰的标准排水量达到1000 ~ 1300吨，开始安装较重型的火炮和更大口径的鱼雷发射管，一般装备3 ~ 6门88 ~ 102毫米舰炮、2 ~ 3具450 ~ 533毫米鱼雷发射装置，大多采用燃油的蒸汽涡轮发动机，航速30 ~ 37节。

第一次世界大战期间，驱逐舰已经成为海军舰队的主要突击兵力，主要担负舰队护航、侦察、鱼雷攻击和救助落水人员的任务。1914年，英、德两国发生的赫尔戈兰湾海战，是第一次驱逐舰的大规模作战。1916年5月，双方又出动了包括大量驱逐舰在内的主力战舰，在日德兰海域再次进行了大

规模海战，双方动用的驱逐舰数量达到 140 艘。

第一次世界大战后，许多国家突破各种条约的限制，开始研制大吨位、重火力、高航速、远续航力的驱逐舰，标准排水量均在 1500 吨以上，装备 3 门以上 88 ~ 150 毫米口径火炮、1 ~ 2 具 450 ~ 610 毫米 3 联或 5 联装鱼雷发射管。如日本 1934 年装备的“波特森”级驱逐舰，排水量 1500 吨，装备有 4 门双联装 127 毫米炮，4 门 40 毫米炮、8 门双联装 20 毫米炮、8 具 4 联装 533 毫米鱼雷发射管，航速 36.5 节，续航力 9000 海里。英国 1938 年建造的“爱斯基摩”级驱逐舰，排水量 1870 吨，装有 6 门 127 毫米炮，2 门 100 毫米炮，7 挺机枪和 4 具 533 毫米鱼雷发射管，航速 36.5 节。

第二次世界大战前夕，各国海军拥有的驱逐舰数量为：英国 184 艘、美国 181 艘、日本 121 艘、法国 70 艘、意大利 228 艘、苏联 20 艘、德国 37 艘。驱逐舰上开始安装有警戒雷达（对空和对海）、导航雷达、炮瞄雷达、侦察雷达、敌我识别器、远程声纳、近程声纳、侦察声纳等设备，驱逐舰的观察、通信、导航能力大为增强，火炮的命中率大为提高，被广泛运用于海战之中，成为了名副其实的“海上多面手”。

第二次世界大战以后，随着计算机技术和导弹技术的不断发展，老式驱逐舰纷纷退役，导弹开始成为驱逐舰的标准装备，驱逐舰由原来的单一反舰作战任务上升为防空、反舰、反潜，且排水量不断加大。如美国 1945 年服役的“基林”级驱逐舰满载排水量为 3480 多吨，1975 年服役的“斯普鲁恩斯”级 7700 吨，而最新型的“阿利·伯克”级接近 1 万吨，并装有先进的“宙斯盾”系统。

美国“阿利·伯克”级驱逐舰“班布里奇”号

（二）驱逐舰的分类

1. 按排水量分，主要有中型驱逐舰和大型驱逐舰。其中，中型驱逐舰排水量为3000～5000吨，主要代表有英国的“谢菲尔德”级驱逐舰、日本的“朝雾”级驱逐舰和意大利的“勇敢”级驱逐舰；大型驱逐舰排水量为5000～9000吨，主要有美国的“斯普鲁恩斯”级驱逐舰、“阿利·伯克”级驱逐舰，俄罗斯的“现代”级驱逐舰，日本的“金刚”级驱逐舰。

2. 按担负的任务分，主要有防空型驱逐舰、反潜型驱逐舰和多用途驱逐舰。其中，防空型驱逐舰，主要装备防空导弹和高炮，重点担负编队的防空作战任务；反潜型驱逐舰，主要装备反潜武器，重点担负编队的反潜作战任务；多用途驱逐舰在突出某一项作战任务的同时，兼具其他功能，现代驱逐舰大多是多用途驱逐舰。

（三）驱逐舰的特点

一是排水量较大。在整个舰艇家庭中，驱逐舰是当前仅次于航空母舰、巡洋舰的大型水面作战舰艇，是海军中的一个主要舰种，排水量通常在3000吨以上，有的甚至接近1万吨，位居第三。

二是武器数量多。20世纪70年代以来，舰炮已不再是驱逐舰的主要武器，取而代之的是更为先进的反舰、防空和反潜导弹，以及小口径近防系统，而且还普遍搭载有1 ～ 2架直升机，舰上武器配置十分丰富。

三是作战用途广。驱逐舰具有较强的独立作战能力，除为舰艇编队和运输船队提供防空、反潜、反舰等护航任务外；还可以实施对岸攻击，以火力支援两栖部队作战；另外，还可担任巡逻、侦察、警戒和封锁海区等作战任务。

（四）驱逐舰的未来

一是向多用途拓展。以往驱逐舰主要按执行单一任务而设计，总体而言，作战能力不够均衡，性价比不高，下一步驱逐舰将集防空、反潜、反舰、对地攻击等功能于一身，成为名副其实的“海上多面手”。

二是向隐形化发展。随着新工艺、新材料技术的不断发展，为了减少暴露特征，驱逐舰将普遍采用具有一定隐身功能的舰型，武器装备的反射面将进一步缩小，舰体、上层建筑等部位将广泛采用吸波、透波材料或涂上特殊涂层。

三是向大吨位发展。随着驱逐舰在海战中的地位作用不断提高，其舰载武器装备种类、数量不断增多，为了提高驱逐舰的远洋作战能力，适应不同海况条件下的作战需要，驱逐舰的吨位将不断增大。

二、经典驱逐舰

（一）美国“斯普鲁恩斯”级驱逐舰

“斯普鲁恩斯”级驱逐舰是美国20世纪70年代初期开始建造的驱逐舰，由英格尔斯公司生产，以第二次世界大战美国海军著名将领斯普鲁恩斯（Spruance）命名，主要担负航母编队和海上运输船队的护航、两栖作战火力支援、海上封锁、搜索、反潜、海上营救、对岸攻击等任务。

美军共拥有该级舰31艘，舷号分别为DD963～DD992和DD997。首舰“斯普鲁恩斯”号于1972年11月17日开工建造，1975年9月20日服役，舷号DD963。1983年3月，该级舰全部服役。2005年9月21日，最后一艘“库欣”号在过完26岁生日后退出现役，至此，该级舰全部结束了历史使命。而另外4艘舰DD993～DD996卖给了中国台湾，称为“基德”舰。

该级舰采用模块化建造方法，建造时间短，改装余地大，共有基本型（即反潜型）、防空型和现代型3种类型，因其担负主要任务不同，舰上武器装备略有不同。该级舰具有较好的抗风浪能力，在4级海况下可使用舰载直升机，在5级海况下可进行航行补给和实施攻击；在8级以上海况下还能航行。该级舰大量采用降噪技术，是世界上最安静的舰艇之一，非常适合反潜作战。

该级舰艏尾各装有1座127毫米舰炮（部分改为203毫米），射程23千米，射高15千米，发射速度20发／分。2座4联装“鱼叉”反舰导弹发射装置，备弹8枚，采用主动雷达制导，射程130千米。2座6管MK-15型20毫米“密集阵”近程防空武器系统；7艘舰改装1座8联“海麻雀”导弹发射装

置，备弹 24 枚，半主动雷达制导，速度 2.5 马赫，射程 14.6 千米。部分舰加装 1 座 4 联 RAM 舰空导弹发射装置，被动红外 / 反辐射制导，速度 2 马赫，射程 9.6 千米。

其中 24 艘舰采用 MK-41 型共用垂直发射系统，备弹 61 枚，发射“战斧”巡航导弹和“阿斯洛克”反潜导弹。7 艘舰装 2 座 4 联 MK-44 型装甲箱式发射装置，配“战斧”导弹 8 枚。核弹头型“战斧”巡航导弹射程 2500 千米，当量 20 万吨 TNT，精度 80 米；常规弹头型射程 460 千米，精度 10 米。“阿斯洛克”反潜导弹射程 16.6 千米。另外，还装备 2 座 3 联装 MK-32 型鱼雷发射管。

该级舰主要电子设备有：1 套海军战术数据系统；1 套综合反潜作战系统；3 部 SPS — 40B/C/ 型对空警戒雷达，作战距离 320 千米；1 部 SPS-55 型对海警戒雷达；1 部 SPS-64（V）9 型导航雷达；1 部“塔康”空中战术导航雷达；1 部 SPQ-9A 型火控雷达，探测和跟踪 135 千米 ~37 千米的水面目标；1 部 SPG-60 型脉冲多普勒雷达火控雷达，对空捕获和跟踪距离 185 千米；1 部 MK-95 型“海麻雀”导弹火控雷达；“战斧”“鱼叉”“海麻雀”舰炮火控系统，反潜火控系统；2 部声纳；1 套电子战系统。

主要参数

标准排水量	5770 吨
满载排水量	7700 吨（改装前），8040 吨（改装后）
舰　　长	171.6 米
舰　　宽	16.76 米
吃　　水	8.8 米
最大航速	34 节（改装后 33 节）
编制人数	240 人（改装前），330 人（改装后）
续　航　力	7800 海里 /17 节，6000 海里 /20 节

舰　载　机	2 架 SH-60“海鹰”或 SH-2G“海妖”直升机
主要武器	1 座 127 毫米主炮（改装后 203mm）；2 座 4 联装“鱼叉”反舰导弹发射装置；2 座 6 管 MK-15 型 20 毫米“密集阵”近程防空武器系统或 1 座 8 联装“海麻雀”导弹发射装置；1 座 4 联装 RAM 舰空导弹发射装置；MK-41 型共用垂直发射系统，发射“战斧”巡航导弹和“阿斯洛克”反潜导弹，或 2 座 4 联装 MK-44 型装甲箱式“战斧”导弹发射装置；2 座 3 联装 MK-32 型鱼雷发射管；4 挺 12.7 毫米机枪

美国“斯普鲁恩斯”级驱逐舰“斯普鲁恩斯”号

（二）美国“阿利·伯克”级驱逐舰

“阿利·伯克”级驱逐舰是美国20世纪80年代后期开始建造的新一代驱逐舰，以美国海军上将阿利·伯克的名字命名。首舰“阿利·伯克”号，舷号DDG51，也称为DDG51级驱逐舰。该级舰分别由巴斯钢铁公司和英格尔斯船厂建造，以防空作战为主，主要担负舰艇编队的防空、反潜、对海和对地攻击作战任务。

20世纪70年代末期，美军提出建造新型导弹驱逐舰计划，以便替换20

美国“阿利·伯克”级驱逐舰“阿利·伯克”号

主要参数					
标准排水量	6625 吨（I 型）	主要武器	1 座 127 毫米主炮，2 座 6 管密集阵防空系统（或“海麻雀”防空导弹），2 座 4 联装“鱼叉”导弹发射装置；2 座垂直发射装置，发射“标准”舰空导弹、LASM 舰空导弹、“战斧”巡航导弹、“阿斯洛克”反潜导弹；2 座 MK-32 型鱼雷发射管	电子设备	1 套“宙斯盾”对空作战系统，1 套综合反潜作战系统，1 套海军战术数据系统，1 部 SRS-1 测向仪，1 部 SPY-1D 多功能相控阵雷达，1 部对海警戒雷达，1 部导航雷达，3 部火控雷达，1 部“塔康”空中战术导航雷达，4 套导弹火控系统，2 套火炮火控系统，2 部声纳
满载排水量	8422 吨（I 型），9033 吨（Ⅱ型），9217 吨（Ⅱ A 型）				
舰　长	153.8 米，155.3 米（Ⅱ A 型）				
舰　宽	20.4 米				
吃　水	9.9 米				
最大航速	32.5 节				
编制人数	334 人				
续 能 力	6000 海里 /20 节			舰载机	SH“海鹰”2 架

世纪60年代初生产的“孔兹”级和“亚当斯”级导弹驱逐舰，以增强“提康德罗加”级导弹巡洋舰的作战力量，建造计划于1985财政年度得到批准。

该级舰共有66艘，舷号分别为DDG51 ~ DDG116，其中DDG116舰为科研试验舰。首舰“阿利·伯克”号于1988年12月开工，1989年9月下水，1991年7月服役。该级舰共有Ⅰ、Ⅱ、ⅡA型3个型号，其中DDG51 ~ DDG71共21艘为Ⅰ型，DDG72 ~ DDG78共7艘为Ⅱ型，从第29艘开始为ⅡA型。3种型号在排水量、舰载电子设备、武器系统等方面均有一定的差别。

该级舰具有生存能力强、探测系统先进、武器装备通用性好等特点。该级舰除烟囱为铝合金结构外，舰体均采用全钢结构；在电子设备、机舱和弹药舱等要害部位周围还加装有凯夫拉装甲；舰上每隔15米设有1个消防站；数据系统分散配置，抗毁能力强；上层建筑比同类舰要小，边角采用圆弧过渡，具有一定的隐身能力；舰身一改驱逐舰传统的瘦长舰型，采用少见的宽短线形，适航性、抗风浪稳定性和机动性极佳。

该级舰装备有SPY-1D“宙斯盾”防空武器系统，从Ⅱ型开始装备有SRS-1测向仪、联合战术情报分配系统、战术数据信息交换系统，可以在400千米距离上发现目标，能够实现各舰艇之间的警戒信息以及各军种之间情报共享。

（三）俄罗斯“现代”级驱逐舰

“现代”级驱逐舰是苏联20世纪70年代研制的第三代驱逐舰，绰号“秃鹫”。该级舰于1970年由苏联北方设计局设计，列宁格勒日丹诺夫造船厂（现为俄罗斯圣彼得堡北方造船厂）建造，主要担负编队护航、攻击对方航母及其他大中型水面舰艇、防空、对岸火力支援、保卫海上交通线等任务。

为了对抗美国“斯普鲁恩斯”级导弹驱逐舰，苏联在20世纪60年代建造的61号计划型大型反潜舰的基础上，开始建造“现代”级驱逐舰，研发计划代号为956号，计划建造28艘，实际建成17艘，2008年在役数量仅为9艘，其余均已退役或失去作战能力。

该级舰主要有956、956A、956E、956EM等型号。其中1 ~ 14号舰为956基本型，15 ~ 20号舰为956A改进型。首舰“现代”号于1976年开工建造，1978年11月下水，1980年12月服役，1998年退出现役。

该级舰主要装备2座双联装130毫米舰炮，备弹2000发，发射速度20 ~ 35发/分；4座6管30毫米AK-630高炮，备弹16000发，最大射速5000发/分，对空最大射程4000米，对海最大射程5000米；2座4管“白蛉”反舰导弹发射装置，备弹8枚，北约编号SS-N-22“日炙”，导弹采用掠海飞行方式，速度2.5马赫，装备300千克高爆弹头或1枚20万吨当量核弹头，射程10 ~ 120千米；2座SA-N-7（出口型称为“施提尔”）舰空导弹发射装置，备弹48枚，射程25千米；2座双管533毫米鱼雷发射管和2

座 6 管 RBU-1000 反潜火箭发射器，配备火箭 48 枚，射程 1000 米；搭载 1 架卡 -25/ 卡 -27 反潜直升机，卡 -27 可在 5 级海况下起飞作战，作战半径 200 千米。

俄罗斯“现代”级驱逐舰

主要参数	
标准排水量	6500 吨
满载排水量	8480 吨
舰　　长	156.4 米
舰　　宽	17.2 米
吃　　水	7.8 米
最大航速	32.7 节
编制人数	344 人（军官 31 人）
续 航 力	4500 海里 /18 节
舰 载 机	1 架卡 –25 或卡 –27 反潜直升机
主要武器	2 座 130 毫米主炮，2 座 6 管 AK630 高炮，2 座 4 管“白蛉”反舰导弹发射装置；2 座 SA–N–7 舰空导弹发射装置；2 座双管 533 毫米鱼雷发射管；2 座 6 管 RBU–1000 型反潜火箭发射器；40 枚水雷

（四）俄罗斯“无畏”级驱逐舰

“无畏”级也称“勇敢”级，是苏联20世纪70年代后期研制的一种大型反潜驱逐舰。该级舰分别由杨塔尔造船厂和日丹诺夫造船厂建造，计划代号1155型，与“现代”级驱逐舰配合使用，该级舰共建造有12艘。首舰“无畏”号于1977年由杨塔尔造船厂建造，1980年2月下水，1980年11月服役，舷号695，2002年从北方舰队退役；最后一艘“潘捷列耶夫海军上将”号于1988年1月28日开工，1990年2月7日下水，1991年12月19日服役。

该级舰现役8艘，分别为北方舰队的“库拉科扶海军中将”号，1977年11月7日开工，1980年5月16日下水，1982年2月9日服役，舷号400；“北莫尔斯克”号，原“辛菲罗波尔”号，1984年6月12日开工，1985年12月24日下水，1986年12月30日服役，舷号619；“列夫琴科海军上将”号，原“哈巴罗夫斯克”号，1982年1月27日开工，1985年2月21日下水，1988年9月30日服役，舷号605；“哈尔拉莫夫海军上将”号，1986年8月7日开工，1988年6月29日下水，1989年12月30日服役，舷号678。

主要参数			
标准排水量	6930 吨	最大航速	35 节
满载排水量	7570 吨	编制人数	300 人
舰　　长	163 米	续 航 力	10500 海里 /14 节
舰　　宽	19.3 米	舰 载 机	2 架卡 -25 或卡 -27 反潜直升机
吃　　水	6.2 米	主要武器	2 门 100 毫米舰炮，4 座 6 管 AK-630 近战武器系统，8 座 8 联装 SA-N-9 舰空导弹发射装置，2 座 4 联装 SS-N-14 反潜导弹发射装置，2 具 4 联装 533 毫米口径鱼雷发射管，2 座 RBU-600 型反潜火箭发射器，水雷 26 枚

俄罗斯“无畏”级驱逐舰“维诺格拉多夫海军上将”号

太平洋舰队的“特里巴特斯海军上将”号，1980 年 4 月 19 日开工，1983 年 5 月 26 日下水，1985 年 12 月 30 日服役，舷号 564；“萨波什尼科夫元帅”号，1983 年 5 月 25 日开工，1984 年 12 月 27 日下水，1985 年 12 月 30 日服役，舷号 543；“维诺格拉多夫海军上将”号；1986 年 2 月 25 日开工，1987 年 6 月 4 日下水，1988 年 12 月 30 日服役，舷号 572；“潘捷列耶夫海军上将”号，舷号 548。

该级舰在“克里瓦克”级护卫舰的基础上，通过对“克列斯塔Ⅱ”级反潜巡洋舰改进而成，全舰结构紧凑、布局简明，主要的防空、反潜装备集中配置在舰前部，中部为电子设备，后部为直升机平台。

该级舰装备有 2 座 100 毫米全自动炮，射速 80 发 / 分，可遂行对海、对空作战任务；8 座 8 联装 SA-N-9 舰空导弹发射装置，每舱配 8 枚导弹，共计 64 枚，飞行速度 2 马赫，射高 10 ~ 6000 米，射程 15 千米；4 座 6 管 AK-630 型 30 毫米炮；2 座 4 联装 SS-N-14 反潜导弹发射装置，该弹又名“石英”，兼具反舰作战能力，飞行速度 1 马赫，无线指令制导，射程 55km，可以加装反潜鱼雷或当量为 5000 吨 TNT 的核弹头；2 座 4 联装 533 毫米鱼雷发射管，鱼雷 8 枚，航速 45 节，射程 20 千米；2 座 12 联装 RBU-6000 反潜火箭发射装置，射程 6 千米；2 架卡 -25 或卡 -27 型反潜直升机。

（五）英国“谢菲尔德”级驱逐舰

“谢菲尔德”级驱逐舰，也称42型驱逐舰，是英国20世纪70年代中期建造的防空型导弹驱逐舰。该级舰共有14艘，分三批建造，分别由坎默·莱尔德公司、沃斯珀·桑尼克罗夫特公司、维克斯公司和斯旺·亨特公司四家造船厂建造。

该级舰是西方国家中第一次采用全燃汽轮机动力装置的驱逐舰，共分三批建造。第一批建造6艘，分别是“谢菲尔德”（舷号D80）、“伯明翰”（舷号D86）、“纽卡斯尔”（舷号D87）、“考文垂”（舷号D118）、“格拉斯哥”（舷号D88）、“加的夫”（舷号D108）号；第二批共建造4艘，分别是“埃克斯特”（舷号D89）、“南安普敦”（舷号D90）、“利物浦”（舷号D92）、“诺丁汉”号（舷号D91）；第三批共建造4艘，分别是“曼彻斯特”（舷号D95）、“约克”（舷号D98）、“格洛斯特”（舷号D96）、“爱丁堡”（舷号D97）号。

首舰“谢菲尔德”号，1970年1月15日开工，1971年6月10日下水，1975年2月16日服役；最后一艘“爱丁堡”号，1980年9月8日开工，1983年4月13日下水，1985年12月17日服役。

在建造第一、二批舰时，英国皇家海军为了节约成本，限制了全舰的排水量；为了增加武器和电子设备，采用了薄壳型舰体，因此结构薄弱，容易被击穿和受热起火。1982年英阿马岛之战中，英军为此付出了被阿根廷击毁“谢菲尔德”号和“考文垂”号2艘驱逐舰的代价。马岛战争以后，英军对第三批舰进行了必要调整。

该级舰上主要装备包括1座MK-8型单管114毫米主炮，射速25发/分，最大射程22千米；1座双联装“海标枪”中程舰空导弹发射装置，射高10~22千米，飞行速度3.0马赫，射程65千米，备弹22枚；2座20毫米密集阵近防系统；2门“厄利空”20毫米单管高炮，射速800发/分；2座MK-32型3联装324毫米鱼雷发射管。

该级舰装备有对海、对空搜索雷达，导弹制导雷达，卫星通信系统，导航系统，火控系统和作战指挥控制系统等。由于该级舰主要担任防空作战任务，没有装备反舰导弹，反舰任务只能由搭载的“山猫”直升机担任，这也是“谢菲尔德”号被击沉的重要原因之一。该级舰搭载1架“山猫”反潜直升机，装有吊放式声纳、搜索雷达和2枚MK-44反潜鱼雷，主要担任远程反潜任务，直升机也可携带“海上大鸥”空对舰导弹，用于攻击轻型水面舰艇。

主要参数（伯明翰号）			
标准排水量	3600 吨	编制人数	253 人
满载排水量	4350 吨	续航力	4200 海里 /13.8 节
舰长	125 米	主要武器	1 座 MK-8 型单管 114 毫米主炮，1 座双联装“海标枪”中程舰空导弹发射装置，2 座 20 毫米密集阵近防系统，2 门“厄利空”20 毫米单管高炮，2 座 MK-32 型 3 联装 324 毫米鱼雷发射管
舰宽	14.3 米		
吃水	4.2 米		
最大航速	30 节		

英国“谢菲尔德”级驱逐舰“伯明翰”号

（六）英国“勇敢”级驱逐舰

“勇敢”级驱逐舰也称45型驱逐舰，是英国21世纪初自行研制的新一代驱逐舰，主要用来替换42型“谢菲尔德”级驱逐舰。该级舰由英国航宇公司亚罗船厂和BVT水面舰艇公司克莱德造船厂建造，具有一定的隐身能力，以防空作战为主，兼顾反舰和对岸作战，被称为英国皇家海军的“全能武士”。

该级舰现建造6艘，分别是“勇敢”号、“不屈”号、“钻石”号、“飞龙”号、“卫士”号、“邓肯”号，舷号D32～D37。首舰“勇敢”号，2003年3月28日开工建造，2006年2月1日下水，2009年7月23日服役；2号舰“不屈”号，2004年8月26日开工建造，2007年1月23日下水，2010年6月3日服役。

3号舰“钻石”号，2005年2月25日开工建造，2007年11月27日下水，2011年5月6日服役。4号舰“飞龙”号，2005年12月19日开工建造，2008年11月17日下水，2012年4月20日服役。

5号舰“卫士”号，2006年7月31日开工建造，2009年10月21日下水，2013年3月21日服役。6号舰“邓肯”号，2007年1月26日开工建造，2010年10月11日下水，2013年9月26日服役。

该舰装备1门114毫米舰炮；从第4艘舰以后装备美制MK-45型127

毫米舰炮，发射的火箭增程制导炮弹最大射程 117 千米。舰炮后面装备有 6 座 8 联装垂直导弹发射系统，备有 16 枚“紫菀”-15 和 32 枚“紫菀”-30 防空导弹，采用惯性制导和末制导，射程 30 千米，可拦截 3 倍音速飞行目标，是该级舰的主要武器；部分舰换装为美制 MK-41 垂直发射系统，可发射“战斧”式巡航导弹、“标准-2”增程型防空导弹、“标准”3A 防空导弹和“阿斯洛克”反潜导弹。此外，还装备有 2 座 4 联装“鱼叉”反舰导弹发射装置；2 座 3 联装鱼雷发射管；2 座 30 毫米机关炮；2 座 20 毫米机关炮；搭载 1 架 EH-101“默林”多用途舰载直升机，作战半径 100 ~ 200 海里。

该级舰采用性能十分先进的“桑普森”有源相控阵雷达，具有极高的分辨率和很强的抗干扰能力，雷达作用距离可达 400 千米以上，可同时探测 500 ~ 1000 个目标，跟踪 100 多个目标，可同时制导导弹拦截 12 个空中目标。

主要参数			
标准排水量	5800 吨	编制人数	191 人
满载排水量	7350 吨	主要武器	1 门 114 毫米或 127 毫米舰炮，2 座 4 联装“鱼叉”反舰导弹装置，6 座 8 联装垂直导弹发射系统或美制 MK-41 垂直发射系统，2 座 3 联装鱼雷发射管，2 座 30 毫米机关炮，2 座 20 毫米机关炮
舰　　长	152.4 米		
舰　　宽	21.2 米		
吃　　水	5 米		
最大航速	30 节	舰载机	1~2 架 EH-101“默林”多用途舰载直升机

英国“勇敢”级驱逐舰“卫士”号

（七）法国和意大利“地平线”级驱逐舰

“地平线”级驱逐舰由法国和意大利共同研制，分别由法国的洛里昂船厂和意大利的泛安科纳造船厂建造。该级舰吸收了欧洲军事科技的精华，具有浓郁的法国风格，具有一定的隐身能力，集多种功能于一身，除为航母提供有效的防空火力支援外，还具有较强的反潜、反舰和对岸作战能力。

该级舰最初由英、法、意三国研制，由于研制过程中存在一定分歧，1999 年英国撤出了研制工作转而研制 45 型驱逐舰。目前，法、意两国各有 2 艘“地平线”级驱逐舰服役。法国为“福尔班”号（舷号 D620），2002 年 4 月建造，2008 年 12 月服役；“舍瓦利亚・保罗”号（舷号 D621），2003 年 10 月建造，2009 年 9 月服役。意大利为“安德里亚・多利亚”号（舷号 D553），2002 年 7 月建造，2007 年 12 月服役；“卡约・杜伊利奥”号（舷号 D554），2003 年 9 月建造，2009 年 4 月服役。

法国版“地平线”级驱逐舰的满载排水量为 6970 吨，意大利版为 6700 吨。法意版舰长均为 151.6 米；法国版舰宽 20.3 米，吃水 4.8 米；意大利版舰宽 17.5 米，吃水 5.1 米。该级舰的最高航速每小时 28 节，以 17 节航行时续航力 7000 海里。

由于该级舰由法、意两国共同研制开发，其通用程度超过了 90%，不过在部分武器系统上两国各有不同。法国版装备有 2 座 76 毫米舰炮，射速 120 发 / 分，配备隐身炮塔；2 座 20 毫米机关炮；8 枚“飞鱼”反舰导弹，

飞行速度2.2 ~ 2.6马赫，射程150 ~ 200千米；32枚“紫菀”-30防空导弹，16枚“紫菀”-15防空导弹；2座双联装324毫米鱼雷发射管，航速50节，有效射程11千米；2具反鱼雷诱饵发射器。意大利版装备有3座76毫米舰炮；2座25毫米机关炮；8枚意大利自制的“奥图玛”反舰导弹；32枚“紫菀”-30防空导弹，16枚“紫菀”-15防空导弹；2座双联装324毫米鱼雷发射管；2具反鱼雷诱饵发射器。

该级舰装备有EMPAR有源相控阵雷达。该雷达由意大利阿莱尼亚公司主导研发，天线长1.5米、宽1.5米，有2160个收/发模块，转速60转/分，输出功率120千瓦，对战机大小目标的搜索距离为150 ~ 180千米，对导弹大小目标的搜索距离为50 ~ 60千米，对掠海反舰导弹的搜索距离为23千米，可同时侦测300个目标，追踪（即优先处理）其中50个目标，并同时引导24枚防空导弹拦截12个最具威胁性的目标。

意大利“地平线”级驱逐舰“卡约·杜伊利奥”号

主要参数	
标准排水量	5600 吨
满载排水量	6970 吨（法国），6700 吨（意大利）
舰长	151.6 米
舰宽	20.3 米（法国），17.5 米（意大利）
吃水	4.8 米（法国），5.1 米（意大利）
最大航速	29 节
编制人数	174 人（军官 26 人）
续航力	7000 海里 /17 节
舰载机	1 架 NH-90 直升机
主要武器	2 座 76 毫米舰炮（意大利为 3 座）；2 座 20 毫米机关炮（意大利为 25 毫米）；8 枚“飞鱼”反舰导弹（意大利为“奥图玛”）；32 枚“紫菀”-30 防空导弹，16 枚“紫菀”-15 防空导弹；2 座双联装 324 毫米鱼雷发射管；2 具反鱼雷诱饵发射器

（八）日本“金刚”级驱逐舰

“金刚”级驱逐舰是日本20世纪90年代建造的第四代驱逐舰，由美国“阿利·伯克”级I型驱逐舰改良而来，是日本“八·八”舰队（8艘舰艇和8架直升机）的主力舰。该级舰共有4艘，分别是“金刚”、“雾岛”、“妙高”和“鸟海”号，舷号依次为173～176，前3艘由三菱重工业长崎造船所建造，第4艘由石川岛播磨重工业东京第一工厂建造，担负海上防空任务。

首舰“金刚”号，1990年5月8日开工，1991年9月26日下水，1993年3月25日服役，编入第1护卫队群第5护卫队，驻扎在横须贺；2号舰“雾岛”号，1992年4月7日开工，1993年8月19日下水，1995年3月16日服役，编入第4护卫队群第8护卫队，驻扎在横须贺海军基地；3号舰“妙高”号，1993年4月8日开工，1994年10月5日下水，1996年

日本“金刚”级驱逐舰“雾岛”号

主要参数			
标准排水量	7250 吨	最大航速	30 节
满载排水量	9485 吨	编制人数	300 人
舰长	161 米	续航力	6000 海里 /20 节
舰宽	21 米	主要武器	1 座 127 毫米舰炮；2 座 6 管 20 毫米“密集阵”防空系统，2 座 4 联装“鱼叉”反舰导弹，12 座 8 联装 MK-41 型导弹垂直发射系统，2 座 3 联装 324 毫米鱼雷发射管
吃水	6.2 米	舰载机	1 架 SH-60J 直升机

3 月 14 日服役，编入第 3 护卫队群第 7 护卫队，驻扎在舞鹤；4 号舰“鸟海”号，1995 年 5 月 29 日开工，1996 年 8 月 27 日下水，1998 年 3 月 20 日服役，编入第 2 护卫队群第 6 护卫队，驻扎在佐世保。

该级舰装备 1 座 127 毫米舰炮，射速 45 发 / 分，射程 16 千米；2 座 6 管 20 毫米“密集阵”防空系统，射速 3000 发 / 分，射程 1500 米；2 座 4 联装“鱼叉”反舰导弹；2 座 3 联装 324 毫米鱼雷发射管，发射“尼尔蒂普”反潜鱼雷，采用主 / 被动寻的，航速 40 节，射程 11 千米。

舰上装备美制 MK-41 型导弹垂直发射系统，发射“标准 -2”型防空导弹和“阿斯洛克”型反潜导弹，共备弹 90 枚。其中“标准 -2”型防空导弹采用指令 / 惯性制导，半主动雷达寻的，飞行速度 2 马赫，射程 73 千米；“阿斯洛克”反潜导弹采用惯性制导，射程 1.6 ~ 10 千米。虽然“金刚”级驱逐舰装备有 MK-41 型导弹垂直发射系统，但是美国对日本进行了限制，该导弹垂直发射系统不能发射“战斧”式巡航导弹。

“金刚”级驱逐舰是继美国之后第二个装备有“宙斯盾”系统的驱逐舰。舰上电子设备主要有 AN/SPY-1 无源相位阵列雷达，“宙斯盾”海军战术数据系统，OE-82C 卫星通信系统，3 部 MK99MOD1 导弹火控系统，2-21 型火炮火控系统，MK116-7 反潜火控系统，OPS20 导航雷达，3 部 SPG62 火控雷达，1 部 MK2/21 火控雷达，“塔康”战术无线电导航系统，UPX29 敌我识别装置，1 部球首声纳和 1 部拖曳声纳。

（九）日本“高波”级驱逐舰

“高波”级驱逐舰是日本21世纪初建造的新一代驱逐舰，日本人自己称之为高波型护卫舰。该级舰是日本“村雨级”驱逐舰的后继型和全面升级版，是日本“九·九”舰队（9艘驱逐舰和9架直升机）的主力多用途驱逐舰。该级舰目前共建造5艘，分别是“高波”号、“大波”号、“卷波”号、“涟”号、“凉波”号，舷号依次为DD110 ~ DD114。

首舰“高波”号于2000年4月25日开工，2001年7月26日下水，2003年3月12号服役，编入第2护卫队群，基地横须贺；2号舰“大波”号于2000年5月17日开工，2001年9月20日下水，2003年3月13日服役，编入第2护卫队群，基地横须贺；3号舰“卷波”号于2001年7月17日开工，2002年8月8日下水，2004年3月18日服役，编入第3护卫队群，基地佐世保；4号舰“涟”号于2002年4月3日开工，2003年8月29日下水，2005年2月16日服役，编入第4护卫队群，基地吴；5号舰“凉波”号于2003年9月24日开工，2004年8月26日下水，2006年2月16日服役，编入第3护卫队群，基地大湊。

“高波”级驱逐舰装备1门127毫米舰炮，射速45发/分，使用非增程炮弹时最大射程23千米，使用激光制导炮弹或GPS制导炮弹时射程可达117千米，炮弹可由直升机发射的激光制导，圆概率误差只有10米 ~ 20米；2座MK-15型“密集阵”近防系统；2座4联装90式舰舰导弹发射装置；32单元MK-41型导弹垂直发射系统，可发射“海麻雀”舰空导弹、“阿斯洛克”反潜导弹；2 座 3 联装 324 毫米鱼雷发射管。

“高波”级驱逐舰配有 1 架 SH-60K 反潜直升机。机上装有 ISAR 多模式合成孔径雷达，能在跟踪目标时描绘目标轮廓，具有很强的目标辨识能力，机上携带反潜鱼雷、深水炸弹和反舰导弹。舰上装有 OYQ-7 型作战指挥系统，1 部 OPS-24 型三坐标对空搜索雷达，1 部 OPS-28D 型对海搜索雷达，2 部 FCS-3 型火控雷达，1 部 OPS-20 型导航雷达，1 部球首声纳和 1 部拖曳声纳，1 套宽带电子侦察设备，1 套窄带电子侦察设备，1 部 OLT-3 型噪声干扰机，1 部 OLT-5 型欺骗式干扰机，1 部 OPN-7B 型宽频通信侦察机，1 部 OPN-11B 型信号情报侦察机（用于提供超视距目标的指示），4 座 MK-36 型 SRBOC 诱饵发射器。

主要参数			
标准排水量	4725 吨	最大航速	30 节
满载排水量	6401 吨	编制人数	175 人
舰　　长	151 米	续 航 力	6000 海里 /20 节
舰　　宽	17.4 米	主要武器	1 座 127 毫米舰炮，2 座 6 管 20 毫米“密集阵”防空系统，2 座 4 联装 90 式舰舰导弹，32 单元“海麻雀”舰空导弹，2 座 3 联装 324 毫米鱼雷发射管
吃　　水	5.3 米	舰 载 机	1 架 SH-60J/SH-60K 反潜直升机

日本“高波”级驱逐舰“高波”号

（十）韩国“世宗大王”级驱逐舰

“世宗大王”级驱逐舰是韩国自行建造的第一艘“宙斯盾”导弹驱逐舰。该级舰以韩国历史上主要名人的名字命名，共建造3艘，具有一定的隐身能力，舷号依次为DDG991～DDG993，装备SPY-1D（V5）雷达，对海探测距离175千米，可同时搜索、追踪约900架飞机，至此，韩国成为继美国、日本、西班牙、挪威之后，世界上第五个拥有“宙斯盾”驱逐舰的国家。

首舰“世宗大王”号以李氏朝鲜第四代君主李祹命名，由现代重工集团建造，2007年5月25日下水，2008年12月22日服役；2号舰“栗谷李珥”号，以李氏朝鲜重要儒家学者李珥（笔名栗谷）命名，由大宇建船及海洋工程集团建造，2008年11月14日下水，2010年8月31日服役；3号舰“西厓柳成龙”号以李氏朝鲜文官柳成龙（号西厓）命名，由现代重工集团建造，2011年3月24日下水，2012年8月30日服役。

该级舰火力配置十分丰富，在对海、对地火力上，装备1

主要参数	
标准排水量	8050 吨
满载排水量	11200 吨
舰　　长	165.9 米
舰　　宽	21.4 米
吃　　水	6.25 米
最大航速	30 节
编制人数	300 ~ 400 人
续 航 力	5500 海里 /20 节
主要武器	1 座 127 毫米舰炮；4 座 4 联装“海星”舰舰导弹发射装置；2 座 MK-41 型垂直发射装置，80 个防空导弹发射单元；1 座“拉姆”近程舰空导弹系统；1 座“守门员”近程防御武器系统；6 座 8 单元垂直发射装置，发射 32 枚“天龙”对陆攻击巡航导弹，16 枚“红鲨”反潜导弹；2 座 3 联装 324 毫米鱼雷发射管
舰 载 机	2 架“超山猫”反潜直升机

韩国“世宗大王”级驱逐舰“世宗大王”号

门 127 毫米舰炮，采用隐身炮塔，发射普通炮弹时射速 20 发 / 分，对海 / 对陆最大射程 39 千米、对空最大射程 15 千米，使用 EX-171 型火箭增程制导炮弹时射速 10 发 / 分，射程达 117 千米，命中精度 10 米；携带 16 枚韩国产 SSM-700K“海星”舰舰导弹或美制“鱼叉”舰舰导弹，“海星”导弹最大飞行速度 0.9 马赫，巡航高度 30 米，最大飞行高度 10700 米，最大射程 150 千米，具有“发射后不管”作战能力；携带 32 枚韩国自行研制的“天龙”对陆攻击巡航导弹，射程 500 千米。反潜方面，携带 16 枚“红鲨”反潜导弹，射程 19 千米；2 座 3 联装 324 毫米鱼雷发射管，韩国自制 K-745“蓝鲨”轻型反潜鱼雷或美制 MK-46 型反潜鱼雷，最大射程 11 千米。

在防空火力上，该级舰配有三道防护网，可同时拦截 17 架飞机。第一道防护网由 80 枚“标准 -2”舰空导弹担任，该级舰配有 Block Ⅲ B 舰对空导弹，飞行速度 2.5 马赫，有效射高 10 米 ~ 20000 米，最大射程 170 千米；第二道防护网由 1 座 MK-31“拉姆”近程舰空导弹系统担任，该系统反应时间约为 10 秒，发射 RIM-116B 防空导弹，最大飞行速度 2.5 马赫，有效射程 400 ~ 9600 米，有效射高 5 千米；第三道防护网由 1 座 SGE-30“守门员”近程防御武器系统担任，该系统反应时间 4 秒，采用 7 管 30 毫米转膛炮，射速 4200 发 / 分，最大射程 3000 米，对反舰导弹的有效拦截距离 2000 米。

三、驱逐舰背后的故事

围猎“羽黑”号

“羽黑”号是日本“妙高”级重巡洋舰的第3艘，由长崎三菱造船厂建造，1929年4月25日竣工，1935年和1937年各进行一次改装。该舰标准排水量11300吨，满载排水量14190吨，舰长201.7米，舰宽19米，吃水6.28米，最大航速35.6节，续航力7000海里/14节，编制人数764人。装备有5座双联装203毫米主炮，4座双联装127毫米高平两用炮，4座4联装610毫米鱼雷发射管，24门25毫米高射炮，搭载有2架水上侦察机。

该舰各种技战术性能在当时堪称一流，先后参加了珊瑚海海战、中途岛海战、瓜达尔卡纳海战、马里亚纳海战等战斗行动，与其姊妹舰“妙高”号、“足柄”号和“那智”号组成的万吨级重巡洋舰舰群，是日本二战时期联合舰队的一支重要力量。

正所谓人算不如天算。1944年，盟军在太平洋战场上节节胜利。1944年10月的莱特湾一战，日本联合舰队一败涂地，元气大伤，舰队主力被迫撤回日本本土基地。此时，“羽黑”号被留在了新加坡基地，担负对分割于各孤立岛屿的日本守备部队的运输补给任务。

战争进行到1945年2月下旬，空中作战已经很少了。英国皇家海军的驱逐舰甚至在没有空中掩护和大型水面舰艇支援的情况下，都敢于远程奔袭作战。1945年4月底，英军在缅甸战役中获胜。1945年5月初，英军第14军进入仰光，海军第3分遣舰队在沃尔克海军中将的率领下返回锡兰的亭可马里基地。时任东印度舰队司令阿瑟·鲍尔海军上将，则留在了仰光。

英军情报显示，有2艘日军重巡洋舰和几艘驱逐舰停泊在新加坡港内，活动企图不详。此时，势头正盛的沃尔克将军决定，不管日军舰只到底想要干什么，都要将其消灭在新加坡港内。一场驱逐舰围杀重巡洋舰，代号为“公爵”行动的作战即将上演。

5月10日，第3舰队收到了“敏锐”号潜艇的报告。报告中说，在马六甲海峡中部，发现了1艘日本“妙高”级重巡洋舰、2艘驱逐舰和2艘猎潜艇，航向315，航速17节。不久，英国“自耕农”号潜艇再次证实了这一情报。沃尔克决定立即率队出征。

5月11日中午，第3舰队的旗舰上的雷达发现了日军侦察机，英军航空母舰上的战斗机立即起飞拦截，日机仓皇逃走。与此同时，航空母舰上派出的轰炸机在对日军占领的卡尔尼科巴岛机场的空袭行动中大获全胜，不仅击毁机场上的日军飞机，还摧毁了不少地面设施。

鉴于第3舰队行动已被日军发现，沃尔克决定解除无线电静默。12日14时30分，沃尔克接到了东印度舰队司令阿瑟·鲍尔海军上将发来的情况通报，通报称12日12时，日军重巡洋舰应位于安达曼群岛布莱尔港东侧海域，敌舰有可能返回了马六甲海峡。

半个小时后，“自耕农”号潜艇再次证实了阿瑟·鲍尔海军上将的情况通报。这天早晨8时45分，“自耕农”号发现了一支日本舰队，编有1艘重巡洋舰和3艘驱逐舰。沃尔克收到2份报告后，随即下令舰队转向南行，进至阿钦赫德（苏门答腊北端）西南300海里水域，一边加油，一边坐等日军舰队的到达。

5月13日，太平无事。5月14日，第3分遣舰队赶到了尼科巴群岛和苏门答腊岛之间的海域，并做好了随时战斗的准备。但是，这一天还是没有发现敌舰。17时30分，沃尔克下令返回待机水域，继续为舰队加油。

5月15日凌晨，机会终于来了。沃尔克接到报告，在马六甲海峡北端发现敌舰，于是他命令时任第26驱逐舰支队司令鲍威尔上校立即行动。按照预先制订的作战方案，侦察轰炸机和驱逐舰群负责搜索，1艘巡洋舰、1艘战列舰负责接应，4艘护航航空母舰负责空中支援。

第26驱逐舰支队由5艘驱逐舰编成，编为2个作战小队。其中，第51小队下辖“索马里兹”号、“维鲁拉姆”号和“维吉兰特”号；第52小队下辖“维纳斯”号和“维拉戈”号。尽管5艘驱逐舰没有补齐油料，接到命令后，鲍威尔二话没说

便率队以每小时 27 节的航速向北进发。

5 月 15 日上午，1 架“复仇者”式侦察轰炸机和 2 架“解放者”式侦察机发回报告，称在苏门答腊附近水域发现了 1 艘日军重巡洋舰和 1 艘驱逐舰，并认出了那艘重巡洋舰就是“羽黑”号、驱逐舰为“峰风”号。13 时 35 分，8 架复仇者式侦察轰炸机起飞。15 时 41 分，机群找到敌舰。3 架轰炸机拉下高度，发起攻击，可惜并没有直接命中。由于临近傍晚，飞机返回加油后没有再次出动。

此时，鲍威尔率领的第 26 驱逐舰支队正在快速北上，他接到了侦察机发来的报告，“羽黑”号位于他们前方 130 海里处。面对强大的对手，鲍威尔毫无惧色，立即下令 5 艘驱逐舰间距 20 海里、一字排开成搜索队列，向前追击，决定趁夜幕降临的时候干掉对手。

5 月 15 日 23 时 40 分，英军驱逐舰跟进至“羽黑”号 46000 码 (一码等于 =0.9144m)。5 月 16 日 0 时 3 分，“索马里兹”号雷达发现目标：敌舰距离 28000 码。0 时 25 分，英军 5 艘驱逐舰成扇面，进入各自最佳机动位置。此时，“羽黑”号好像毫无察觉，仍然按原航向继续航行。

5 月 16 日 0 时 39 分，鲍威尔下达攻击命令：1 时整开始攻击。此时，日舰似乎觉察到了动静，开始走“之”字形航线。1 时 6 分，“索马里兹”号率先开炮，打的日本驱逐舰“峰风”号晕头转向，以为是遭到了“羽黑”号的误击，赶忙打开探照灯。由于两舰距离太近，“索马里兹”号赶快转向，差一点就撞上“峰风”号。

这样一来，“索马里兹”号正好驶到了“羽黑”号的右舷前方。“羽黑”号赶忙向“索马里兹”号发射照明弹，203 毫米主炮和 127 毫米炮率先开火。“索马里兹”号冒着猛烈的炮火向前冲去，将 1 枚鱼雷射了过去，可惜没有命中。1 时 13 分，“索马里兹”号 1 号锅炉舱中弹，航速锐减。

趁“羽黑”号和“索马里兹”号激战之际，“维鲁拉姆”号冲了过去，3 枚鱼雷全部命中。“羽黑”号上的 10 门 203 毫米主炮顿时成了哑巴，只有 1 门 127 毫米副炮和几门近程火炮还能断断续续开火。

见此情景，英军另外3艘驱逐舰蜂拥而至。1时25分，“维纳斯”号发射的1枚鱼雷命中“羽黑”号的右舷。2分钟后，“维拉戈”号舰炮开火，2弹命中。“维吉兰特”号也相继开火，“羽黑”号又中1弹。此时，“羽黑”号已成瓮中之鳖。“维纳斯”号再次冲上前去，又发射2枚鱼雷，全部命中。2时9分，英军5艘驱逐舰围猎成功，“羽黑”号沉入海底。

808

第五章 护卫舰

152

一、护卫舰概述

护卫舰是一种在吨位和火力上仅次于驱逐舰的中型水面作战舰艇，英文名称 Frigate。护卫舰以中小口径舰炮、反舰导弹、防空导弹、深水炸弹、反潜鱼雷、水雷等为主要武器，既是一个传统的海军舰种，也是当代世界各国建造数量最多、分布最广、参战机会最多的一种水面舰艇，主要担负舰队的护航、警戒、巡逻、反潜、布雷及登陆支援作战等任务。

（一）护卫舰的历史

护卫舰产生于16世纪，是一个古老的舰种。16 ~ 17世纪，欧洲一些国家就把三桅武装帆船称为护卫舰。最初，护卫舰排水量仅为240吨 ~ 400吨。1757年，英国建造的“南安普敦”号护卫舰，排水量671吨，装有32门火炮；1779年9月30日，英国下令建造38门炮级别的护卫舰，标志着护卫舰第一次正式出现在英国皇家舰队序列之中。1797年7月10日，美国第一艘护卫舰“合众国”号在费城下水，装有74门火炮。19世纪中叶，护卫舰开始采用蒸汽机作动力装置。

真正意义上的护卫舰起源于日俄战争。当时，日本舰艇多次闯入中国旅顺口俄国海军基地，对俄海军舰艇进行鱼雷、舰炮袭击；并布放水雷，用沉船堵塞港口。为了打破日军的袭扰，保证舰队的行动自由，起初，俄海军派驱逐舰担任港口的巡逻、警戒任务，但是由于驱逐舰数量较少，且还要担负其他作战任务，而改装的民船战术技术性能又很差，于是日俄战争后，俄国便建造了世界上第一批专用护卫舰。

这一时期的护卫舰，虽然已经成为海军的一个战斗舰艇，但更近似于海上巡逻舰，排水量小（400 ~ 600吨）、航速低、抗风浪性差、火力弱，通常只能在近海活动，主要担任警戒、巡逻和保护己方商船等任务。

第一次世界大战以前，各国海军对护卫舰没有统一的命名，有的称之为巡航舰、炮舰。第一次世界大战期间，护卫舰也被称为护航舰。为了对付德

国潜艇对海上运输线的破坏，英、法、俄、美等国开始建造一种新型战舰，主要担负远洋护航反潜任务，这就是今天我们所说的反潜护卫舰。

第二次世界大战期间，护卫舰的需求增大，担负的任务也更加多样化。这一时期，护卫舰发展迅速，仅英、美、法、德、意 5 国建造的护卫舰就达 1800 艘之多，并广泛用于反潜、防空、护航和两栖登陆作战行动之中。此时，护卫舰的排水量增加到 800 吨 ~ 1300 吨，航速达 12 ~ 20 节，装备有 2 ~ 3 门 76 ~ 127 毫米舰炮、8 ~ 10 门 20 ~ 40 毫米防空机关炮，以及深水炸弹和鱼雷等武器装备，并开始装备雷达、声纳等探测装置，防空和反潜能力明显增强。

20 世纪 50 年代以后，护卫舰开始朝大型化、导弹化、电子化、指挥自动化、隐形化的方向发展，普遍安装有雷达、声纳和自动化指挥系统等电子设备，装备有舰潜、舰舰、舰空导弹、鱼雷、深水炸弹和干扰火箭等武器装备，部分护卫舰还搭载有 1 ~ 2 架反潜直升机，反潜、反舰和防空等综合作战能力有了显著增强。

（二）护卫舰的分类

1. 按护卫舰的排水量分，主要有大型护卫舰、中型护卫舰、小型护卫舰 3 种。其中，排水量 3000 吨上的称为大型护卫舰；1000 ~ 3000 吨称为中型护卫舰；1000 吨以下的称为小型护卫舰。

2. 按护卫舰担负的使命区分，主要有对海型、对空型、反潜型和多用途型护卫舰。其中，反舰导弹和舰炮火力突出的称为对海型护卫舰；对空导弹和高炮火力突出的称为对空型护卫舰；主要装备各种反潜武器，以反潜作战为主的称为反潜型护卫舰；各种舰载武器比较均衡的称为通用型或多用途型护卫舰，一般情况下，这种护卫舰都是排水量 3000 吨以上的大型护卫舰。

（三）护卫舰的特点

一是快速灵活。作为舰队的外围战舰，护卫舰必须抢先占领有利的作战阵位，取得战斗的主动权，因此，护卫舰吨位较轻、尺度较小、船型瘦长，通常采用大功率推进装置，航速 25 ~ 30 节，具有良好的机动性。

二是耐波性好。通常情况下，吨位大、尺寸大的舰艇航行稳定性好。虽然护卫舰在整个主力战舰中“身材矮小”，但为了适应远航作战的要求，护卫舰均采取了一些能提高耐波性的措施。如南非的“勇猛”级护卫舰在 9 级海况的情况下仍能安全航行，而许多巡洋舰和驱逐舰都做不到这一点。

三是观通能力强。侦察器材是护卫舰率先发现敌人并采取行动的重要保证。为了提高护卫舰的侦察、巡逻能力，取得战斗的主动权，现代护卫舰都装备有先进的雷达和声纳等观察器材，侦察预警能力大为提高。如西班牙的 F-100 级护卫舰就装备有 1 部美制“宙斯盾”SPY-1D 对空 / 对海搜索雷达，对空最大搜索距离可达 350 ~ 400 千米。

（四）护卫舰的未来

一是向综合化方向发展。世界各国在发展护卫舰时，虽然对其战斗性能有所偏重，如以防空为主，或以反潜为主，但更强调护卫舰的综合作战运用，舰上不仅装有高炮、防空导弹，还装有反舰导弹、反潜导弹等众多武器。

二是向大型化方向发展。随着舰载武器装备特别是导弹、电子设备的增多，直升机上舰，以及居住条件的改善等，护卫舰的排水量迅速增加，有的护卫舰满载排水量已超过 6000 吨，与中型驱逐舰排水量不相上下。

三是向隐形化方向发展。继法国的“拉斐特”级隐形护卫舰问世以后，世界主要国家建造的护卫舰均采取一系列的隐身措施，如采用具有隐形功能的舰体结构，舰上武器装备采用封闭式结构设计，舰体外壳涂有吸收雷达波材料，并采用消声、消磁技术等。

德国“萨克森”级护卫舰“黑森”号正在发射“标准 -2”导弹

二、经典护卫舰

（一）美国“诺克斯”级护卫舰

“诺克斯”级护卫舰是美国海军 20 世纪 60 年代中期开始建造的第二代护卫舰，以美国第一位军事部长亨利·诺克斯（Henry Knox）命名，是一种专门用于对付苏联核潜艇的反潜型护卫舰，主要担负航母编队外围 50 ~ 150 海里的反潜任务。

该级舰共建造 46 艘，首舰“诺克斯”号，1965 年 10 月开工，1966 年 11 月下水，1969 年 4 月服役，舷号 FF1052。从 1965 年 10 月开始，该级舰平均每月建造 1 艘，至 1974 年最后一艘“莫伊内斯特”号（舷号 FF1097）全部建成服役。

主要参数			
标准排水量	3010 吨	编制人数	288 人
满载排水量	3880 吨	续 航 力	4000 海里 /22 节
舰　　宽	14.3 米	主要武器	1 座 127 毫米舰炮，2 座 4 联装“鱼叉”反舰导弹，1 座“标准 -1”防空导弹发射装置，1 座 8 联装“阿斯洛克”反潜导弹发射装置，1 座双联装 MK-32 型鱼雷发射管
舰　　长	134 米		
吃　　水	4.6 米		
最大航速	27 节	舰 载 机	1 架 SH-2F 反潜直升机

美国“诺克斯”级护卫舰“柯克”号（现为中国台湾“汾阳”号）

该级舰装备1门127毫米舰炮；2座4联装“鱼叉”反舰导弹；1座8联装“阿斯洛克”反潜导弹，战斗部为MK-46型鱼雷；1座双联装MK-32型鱼雷发射管；以及搭载1架反潜直升机；鱼雷库共存放MK-46型反潜鱼雷22枚。该级舰经过多次改造后，加装有“密集阵”防空武器系统或“海麻雀”防空导弹。

该舰上装有1部对空警戒雷达，1部对海警戒雷达，1部导航雷达，1部炮瞄雷达，1部SQS-26CX舰艏声纳，1部SQS-35（V）可变深度声纳，1部SQR-18A（V）拖曳线列阵声纳，以及反潜战术资料系统，用来控制“阿斯洛克”反潜导弹和MK-46型反潜鱼雷实施攻击。

20世纪90年代初，该级舰全部退役，美国将其转交美国后备役部队或封存。1992年，中国台湾先是向美国海军租借，后来购买下已经封存的军舰，改称为“济阳”级，并加装有“标准-1”防空导弹发射装置，备弹10枚，分别为“济阳”“凤阳”“汾阳”“兰阳”“海阳”“淮阳”“宁阳”和“宜阳”号，舷号依次为FF932 ~ FF939。

（二）美国“佩里”级护卫舰

“佩里”级护卫舰是美国20世纪70年代研制的新一代驱逐舰。该级舰以美国1812年第二次独立战争中的海军英雄奥利弗·哈泽德·佩里少校的名字命名，主要担负防空、反潜、反舰、掩护两栖部队登陆和舰队护航等任务。

1970年9月该级舰开始进行可行性研究，1971年12月完成初步设计。首舰“奥利弗·哈泽德·佩里”号，由巴斯钢铁公司建造，1973年5月开始进行施工设计，1975年6月开工，1976年9月下水，1977年11月服役，舷号FFG-7。该级舰共建造51艘，是美国海军现役唯一的一种护卫舰，现役数量约30艘。

该级舰共有短舰身型和长舰身型两种，其中FFG-8、15、28、29、32、36~61为长舰身型。从1982年开始进行了数次现代化改装，该级舰虽然比美国现役的驱逐舰低一个档次，但和其他国家的护卫舰相比，其防空、反舰、反潜能力非常突出。

舰上防空武器主要由“标准-1”防空导弹、76毫米舰炮和“密集阵”防空武器系统组成；反舰武器主要由“鱼叉”舰舰导弹、直升机机载“企鹅”反舰导弹和76毫米舰炮组成；反潜武器主要由舰载2架直升机和2座3联装MK-32型鱼雷发射管组成。

除大量装备美国海军以外，该级舰还出口、转卖或赠送给澳大利亚、巴基斯坦、西班牙、土耳其、埃及、波兰、中国台湾等国家和地区。

主要参数（长舰身型）			
标准排水量	3010 吨	续 航 力	4500 海里 /20 节
满载排水量	4100 吨	主要武器	1 座单管 76 毫米两用舰炮，1 座 MK-13 型“标准”/“鱼叉”导弹两用发射架，1 座 MK-15 型“密集阵”近程武器系统，2 座 3 联装 MK-32 型鱼雷发射管
舰 宽	138.1 米		
舰 长	13.7 米		
吃 水	6.7 米		
最大航速	29 节	舰 载 机	2 架 SH-60 反潜直升机（携带 2 枚“企鹅”反舰导弹和 2 枚 MK-46 型鱼雷）
编制人数	200 人（军官 15 人）		

美国“佩里”级护卫舰“史蒂芬·格罗夫”号

（三）英国“大刀”级护卫舰

“大刀”级护卫舰是英国20世纪70年代末80年代初研制的一种大型远洋反潜护卫舰，英国海军称其为22型反潜护卫舰，因其首舰名为“大刀”（Broadsword）号，故称其为“大刀”级。该级舰反潜能力突出，是20世纪80年代先进护卫舰的主要代表，主要执行远洋反潜任务。

该级舰共有3型14艘。“大刀-1”型共建造4艘，分别是“大刀”“大斧”“华美”“布莱曾”号，舷号F88～F91，首舰“大刀”号于1979年5月3日服役；“大刀-2”型建造于马岛战争之后，共有6艘，分别是“拳师”“海狸”“勇敢”“伦敦”“谢菲尔德”(舷号F92～F96)、“考文垂”（F98）号；“大刀-3”型共建造4艘，分别是“康沃尔”（F99）、“坎伯兰”（F85）、“坎贝尔敦”（F86）、“查塔姆”（F87）号。

“大刀-1”型标准排水量3500吨，满载排水量4400吨，舰长131.2米，舰宽14.8米，吃水6.1米，编制人数222人。“大刀-2”型标准排水量4100吨，满载排水量4800吨，舰长146.5米，舰宽14.8米，吃水6.4米，编制人数273人。“大刀-3”型标准排水量4200吨，满载排水量4900吨，舰长148.1米，舰宽14.8米，吃水6.4米，编制人数250人。

目前，“大刀-1”型4艘舰已经退役，转卖给巴西；“大刀-2”型有2艘卖给罗马尼亚，1艘卖给智利，还有2艘退役后作为靶舰被击沉。“大刀-1”型和“大刀-2”型装备的主要武器基本相同，主要包括4座“飞鱼”

舰对舰导弹，飞行速度 0.9 马赫，射程 42 千米；2 座六联装“海狼”舰对空导弹发射架，飞行速度 2 马赫，射程 6 千米，备弹 22 枚；2 座双联装 30 毫米舰炮，2 座双联装 20 毫米舰炮，2 具三联装鱼雷发射管。

“大刀 -3”型与其他两型略有不同，舰上武器主要包括 2 座“鱼叉”舰对舰导弹，2 座六联装“海狼”舰对空导弹发射架，1 座双联装 30 毫米舰炮，1 座 114 毫米舰炮，2 具三联装鱼雷发射管。此外，各型舰上还可以搭载 2 架“山猫”反潜直升机（装有“海鸥”空对舰导弹）。

“大刀”级采用无主炮“全导弹化”设计，设计优良，在 21 世纪初之前，一直是世界上排水量最大的护卫舰，但舰体庞大，造价较高。1982 年 5 月 30 日，在英阿马岛战争中，当阿军 2 架“超级军旗”式攻击机向英军航母发射“飞鱼”导弹时，英“大刀”级护卫舰立即发射“海狼”式导弹，将来袭的 2 枚导弹击落，使航母逃过了一劫。

主要参数（“大刀-3”型）			
标准排水量	4200吨	编制人数	250人
满载排水量	4900吨	续航力	4500海里/18节
舰长	148.1米	主要武器	2座4联装“鱼叉”反舰导弹装备，2座6联装“海狼”舰空导弹发射装置，2座双联装30毫米舰炮，2座双联装20毫米舰炮，1座114毫米舰炮，2具3联装鱼雷发射管
舰宽	14.8米		
吃水	6.4米		
最大航速	30节	舰载机	2架“山猫”反潜直升机

英国“大刀”级护卫舰“康沃尔”号

（四）英国“公爵”级护卫舰

“公爵”级护卫舰是英国在英阿战争之后建造的新一代主力战舰，英国人称之为23型护卫舰。该级舰是英国海军建造数量最多、最先进的护卫舰，同时也是英国驱护舰队的骨干力量，也是世界上静音效果最好的护卫舰之一，主要担负反潜，以及防空、反舰和火力支援等任务。

该级舰计划建造23艘，实际建造16艘，分别是“诺福克”“阿尔盖”“兰开斯特”“马尔博罗”“艾恩公爵”“蒙矛斯”“蒙特罗斯”“威斯敏斯特”“诺森伯兰”“里士满”号，舷号依次为F230～F239；“肯特”“波特兰”“格拉夫顿”“萨瑟兰”“萨默塞特”“圣奥尔本斯”号，舷号依次为F78～F83。其中，首舰“诺福克”号由亚罗造船公司建造，1985年12月14日开工，1987年7月10日下水，1990年6月1日服役；最后一艘“圣奥尔本斯”

号于1999年4月18日开工，2000年5月6日下水，2002年6月6日服役。

该级舰采用隐身外形设计，在强反射部位加装有吸波涂层，对烟囱采用了红外抑制技术，巡航时采用电力推进，并对燃气轮机推进系统也采用了全面的降噪技术，因此，该级舰可谓最安静的护卫舰。此外，该级舰的上层建筑不采用铝材，而一律采用钢材；电缆外层采用阻燃材料；消防、通风、损管独立分区，可以有效阻止火、烟和有毒气体向其他区域扩散；并在重要部位加装有“凯夫拉”装甲；因此，该级舰具有很强的生存能力。

该级舰自动化程度较高，设有舰船控制中心，主机和辅机采用全自动化控制，正常巡航时只需2人值班。因此，编制人数仅为181人（其中军官13人），比美国“佩里”级护卫舰的舰员少约50人，比英国22型护卫舰少约100人。

主要参数

标准排水量	3500吨	最大航速	28节
满载排水量	4900吨	编制人数	181人
舰　　长	133米	续航力	7500海里/15节
舰　　宽	16.1米	舰载机	1架“山猫”或1架EH-101反潜直升机
吃　　水	7.3米	主要武器	1座114毫米两用舰炮，2座30毫米舰炮，2座4联装“鱼叉”舰舰导弹发射装置，32单元“海狼”舰空导弹垂直发射装置，2座3联装MK-32型鱼雷发射管

英国“公爵”级护卫舰“蒙矛斯”号

（五）法国“拉斐特”级护卫舰

“拉斐特”级护卫舰是世界上第一艘采用综合隐身设计的大型护卫舰。该级舰由法国舰艇建造局（DCN）建造，主要担负保护法国专属经济区、沿海资源和海上航线，监视和控制对法国国家安全有重要意义的海区，处理海外危机，参加多国海军联合行动，执行人道主义救援等任务。

1988 年，该级舰完成设计定型，法国海军预定采购 6 艘，但实际只建造 5 艘，舷号依次为 F710 ~ F714。其中，首舰“拉斐特”号于 1990 年 12 月 15 日开工建造，1992 年 6 月 13 日下水，1996 年 3 月 22 日服役。其余舰分别为“瑟古夫”“顾拜特”“阿古尼”“吉普拉”号。

该级舰具有隐身能力强、续航力大、独立作战能力强等特点；外观采用隐形设计，烟囱隐藏在两座桅杆中间，并大量使用优质玻璃钢等雷达吸波材料、隔热材料，以及进行隔声、消声处置，并在重要部位加装有防护装甲，隐身性能极佳，雷达探测显示其吨位仅为 500 吨，相当于一艘小艇。

该级舰以反舰、防空作战为主，除装备法国海军外，还出售到沙特（3 艘“利雅得”级）和新加坡（6 艘“可畏”级）等国家和地区。其中，“利雅得”级共 3 艘，分别是“利雅得”“麦加”“达曼”号，满载排水量 4650 吨，舰长 133.6 米，有 3 个桅杆。

“康定”级共 6 艘，首舰“康定”号（舷号 1202）于 1993 年 8 月在法

国洛里昂船厂开工建造，1994年3月下水，1996年5月服役；其后5艘“西宁”号（1203）、“昆明”号（1205）、“迪化”号（1206）、“武昌”号（1207）、“承德”号（1208），相继于1996年至1998年服役。

“可畏”级共有6艘，分别是“可畏”“无畏”“坚定”“不屈”“坚强”“无比”号，舷号依次为68～73，满载排水量3200吨，舰长110米，隐形性能更好，战斗力最强，装备有8枚美制“鱼叉”反舰导弹，射程达130千米，远远超过“飞鱼”和“雄风”导弹；对空导弹为4套8单元垂直导弹发射系统，携带32枚“紫菀”-15舰空导弹。

法国“拉斐特”级护卫舰“拉斐特”号

主要参数（“拉斐特”号）	
标准排水量	3200 吨
满载排水量	3600 吨
舰　　长	125 米
舰　　宽	15.4 米
吃　　水	4.8 米
最大航速	25 节
编制人数	141 人
续 航 力	7000 海里 /15 节，9000 海里 /12 节
舰 载 机	1 架 AS-565 直升机或 NH90 搜索与救援直升机
主要武器	1 座 100 毫米舰炮，2 座 20 毫米舰炮，2 座 4 联装“飞鱼”反舰导弹装置，1 座 8 联装“响尾蛇”舰空导弹发射装置，2 座 3 联装 324 毫米鱼雷发射管

“拉斐特”级护卫舰

（六）俄罗斯“克里瓦克”级导弹护卫舰

“克里瓦克”级始建于20世纪60年代末期，是苏联建造的第一级现代化护卫舰，内部编号1135型。该级舰共有3种型号，1型建造于1969年至1981年，共有20艘，分别由加里宁格勒造船厂、列宁格勒北方造船厂和刻赤的布隆造船厂建造；2型建于1976年至1981年，共有11艘，由加里宁格勒造船厂建造；3型建于1984年至1993年，共39艘，由布隆造船厂建造。1型、2型主要担负远洋反潜作战任务，3型用于边防部队沿海巡逻。

“克里瓦克”级导弹护卫舰是苏联护卫舰建造史上的一个重要分水岭。此前，苏联建造的护卫舰排水量小、装备少、作战能力差，吨位仅为1000～2000吨，而“克里瓦克”级护卫舰的标准排水量3300吨，满载排水量达到3575吨，舰上电子设备较为先进，武器装备配置丰富，作战实力较强。

舰上装有1部“顶网”C三坐标对空搜索雷达，探测距离128千米，或“顶板”雷达，1部对海搜索雷达，2部“罩钟”侦察雷达，2部“座钟”干扰雷达，“高杆B”敌我识别装置，Planshet-35作战指控系统，“风暴”反潜作战系统等电子设备。装有2座100毫米舰炮（3型只有1座），射速60发/分，射程15千米；2座6管30毫米舰炮，射速3000发/分，射程2千米；2座4联装SS-N-25舰舰导弹发射装置，导弹飞行速度0.9马赫，巡航高度20米，末端掠海高度5米，最大射程130千米，3000吨级的护卫舰只要命中一枚，即可丧失战斗力，命中2枚则可完全被击沉。

此外，还装有2座双联装SA-N-4舰空导弹发射装置（3型1座），导弹采用半主动雷达寻的，飞行速度2.5马赫，射高9.1～3048米，射程15千米，备弹40枚导弹（3型20枚）；1座4联装SS-N-14反潜导弹发射装置（3型没有），导弹采用指令制导，飞行速度0.95马赫，射程55千米，战斗部为5000吨当量的核弹头或40型鱼雷或E53-72型鱼雷，也可换装为舰对舰导弹，射程为35千米；2座4联装533毫米鱼雷发射管；2座RBU-6000型12管反潜深水炸弹发射装置，射程6000米。

俄罗斯“克里瓦克”级导弹护卫舰“求知”号

主要参数			
标准排水量	3300 吨	续 航 力	4995 海里 /14 节
满载排水量	3575 吨	主要武器	2 座 100 毫米舰炮，2 座 30 毫米舰炮，2 座 4 联装 SS-N-25 舰舰导弹发射装置，2 座双联装 SA-N-4 舰空导弹发射装置，1 座 4 联装 SS-N-14 反潜导弹发射装置，2 座 4 联装 533 毫米鱼雷发射管，2 座 RBU-6000 型 12 管反潜深水炸弹发射装置
舰 长	123.5 米		
舰 宽	14.3 米		
吃 水	4.6 米		
最大航速	32 节		
编制人数	200 人	舰 载 机	1 架卡 -25 反潜直升机

（七）日本“阿武隈”级护卫舰

“阿武隈”级护卫舰是日本海上自卫队20世纪80年代末期建造的第二代导弹护卫舰，以发源于日本东北部福岛县的阿武隈河命名。该级舰在“夕张”级导弹护卫舰的基础上改进而来，反潜和防空能力有所提高，主要担负护航、反潜、防空等作战任务，经常出现在被日本称为有争议的海区。

该级舰共有6艘，分别是“阿武隈”“神通”“大淀”“川内”“筑摩”“利根”号，舷号依次为DE229 ~ DE234。首舰“阿武隈”号，由三井造船株式会社玉野事业所建造，1988年3月17日开工，1988年12月31日下水，1989年12月31日服役，编入吴基地的第12护卫队；2号舰“神通”号，由日立造船株式会社舞鹤船厂建造，1990年2月28日服役，编入大凑基地的第15护卫队；3号舰“大淀”号，由玉野事业所建造，1991年1月23日服役，编入第15护卫队。

4号舰“川内”号，由住友重机械工业株式会社浦贺造船厂建造，1991年3月15日服役，编入第12护卫队；5号舰“筑摩”号，由舞鹤船厂建造，1993年2月24日服役，编入第15护卫队；6号舰“利根”号，由浦贺造船厂建造，1993年2月8日服役，编入第12护卫队。

该级舰用途较广，电子设备先进，综合作战能力强，并具有一定的隐身功能，是日本海上自卫队第一种采用舰体隐形设计的战斗舰只。舰上两舷船体向内倾斜7°，可以使雷达波向海面扩散，减少被对方雷达捕捉的概率。

该级舰是日本海上自卫队第一级采用 OYQ-7 海军战术作战与数据系统的舰只，舰上雷达数量虽然不多，但性能先进，装备的 OPS-28 对海雷达探测距离可达 100 千米；此外，舰上还装有 1 部 DE-1167 舰壳声纳和 1 部 SQR-19A 拖曳线列阵声纳。

主要参数			
标准排水量	2000 吨	最大航速	27 节
满载排水量	2550 吨	编制人数	120 人
舰长	109 米	主要武器	1 门 76 毫米火炮，1 座 6 管 20 毫米“密集阵”近程防御武器系统，2 座 4 联装“鱼叉”舰舰导弹发射装置，1 座 8 联装“阿斯洛克”反潜导弹发射装置，2 座 3 联装 MK-32 型鱼雷发射管
舰宽	13.4 米		
吃水	3.7 米		

日本“阿武隈”级护卫舰“大淀”“川内”“利根”号

（八）印度“什瓦里克”级护卫舰

“什瓦里克”级又称新“尼尔吉里”级，是印度自行设计建造的新一代隐身护卫舰。该级舰由俄罗斯“克里瓦克”级护卫舰3型发展而来，代号为17号工程，由印度马扎冈船坞公司建造，主要担负远洋航母编队的反潜护航及反舰任务。

近年来，印度建造航母速度明显加快，但与之相匹配的驱逐舰和护卫舰数量明显偏少，为此，印度加大了外购力度，先后于1997年11月和2006年7月，分两批向俄罗斯订购了6艘“克里瓦克”级护卫舰。1997年，经过谨慎仔细论证，印度国会批准了印度海军设计局提出的以“克里瓦克”级

印度“什瓦里克”级护卫舰“什瓦里克”号

主要参数	
标准排水量	5300 吨
满载排水量	6200 吨
舰　　长	142.5 米
舰　　宽	16.9 米
吃　　水	4.5 米
最大航速	32 节
编制人数	257 人
续 航 力	3900 海里 /18 节
舰 载 机	2 架印度产海军型“北极星”直升机
主要武器	1 门 76 毫米火炮，2 套“卡什坦”弹炮合一系统，1 套“克什米尔”防空导弹系统，1 座 8 联装 SS-N-27“俱乐部”反舰巡航导弹发射装置，1 套 RBU-6000 型发射装置

为基础，在本国自行设计建造隐身护卫舰的计划，决定自行研制新型护卫舰。

作为印度自行设计的第一代导弹护卫舰，“什瓦里克”级博采众长，先后得到了俄罗斯北方造船厂、法国舰艇建造局等的帮助，该级舰的上层建筑与法国“拉斐特”级护卫舰相似，后段舰体非常类似于“德里”级驱逐舰（购自英国，“利安德”级），整体上更近似于俄罗斯“克里瓦克”级护卫舰，因此，有人将其视为“克里瓦克”级护卫舰的放大改进版。

该级舰目前共有3艘。首舰“什瓦里克”号（舷号F47），2001年7月11日开工，2003年4月18日下水，2010年4月29日服役；2号舰“萨特普达”号（舷号F48），2002年10月31日开工，2004年6月4日下水，2011年8月20日服役；3号舰“萨亚德里”号（舷号F49），2003年9月30日开工，2005年5月27日下水，2012年7月21日服役。

该级舰舰体采用V形横截面设计，装有大量吸收雷达与红外波的非燃玻璃钢，大多数武器隐藏在舰体内，舰体外表面涂有雷达隐形涂料，具有较好的隐身性能。

舰上武器装备十分丰富，配有俄制“顶板”三坐标对空搜索雷达等电子设备；装备1门“奥托·梅莱拉”76毫米速射舰炮；2套俄罗斯“卡什坦”弹炮合一系统，配备防空导弹24枚；1座8联装SS-N-27“俱乐部”反舰巡航导弹发射装置，1套RBU-6000发射装置，可发射90R型反潜导弹。

（九）南非“勇猛”级护卫舰

“勇猛”级护卫舰由德国 MEKOA-200 型护卫舰改进而成，由德国、法国和南非联合研制，其中，德国主要负责舰体建造，电子设备及武器装备则在南非国内安装调试。该级舰主要担负防空、反舰、对地火力支援、侦察、布雷、海上巡逻、搜救、打击海盗和走私分子等任务。

“勇猛”级共有 4 艘，分别是“阿玛托拉”“伊萨德拉瓦纳”“史彭卡”“曼迪”号，舷号依次为 F145 ~ F148。首舰“阿玛托拉”号，由德国布洛姆—福斯造船厂建造，2001 年 8 月 2 日开工，2002 年 6 月 6 日下水，2003 年 11 月抵达南非安装武器系统和电子系统，2006 年 2 月 16 日服役；2 号舰“伊萨德拉瓦纳”号，2001 年 10 月 26 日开工，2002 年 12 月 5 日下水，2006 年 7 月 20 日服役；3 号舰“史彭卡”号，2002 年 2 月 28 日开工，2003 年 8 月 2 日下水，2007 年 2 月 16 日服役；4 号舰“曼迪”号，2002 年 6 月 28 日开工，2003 年 10 月下水，2007 年 3 月 20 日服役。

该级舰油耗低，耐波性能好，具有一定的隐形功能。南非地处非洲最南端，周围海域风急浪高，全年 70% 的时间里处于 6 级海况以上。该级舰虽然是一种轻型护卫舰，但在 9 级海况下仍可安全航行；6 级海况下执行反水面舰作战任务时，航速可达 20 节；白天在 6 级海况下进行直升机作业，航速可达 18 节；夜间可在 5 级海况下进行直升机作业；6 级海况下反潜作战，航速达 15 节。

该级舰舰体和上层建筑呈 X 形，采用封闭式前舱和后甲板，舰体过渡圆滑，雷达信号特征大大降低；采用无烟囱设计，排气口位于舰艉的水线面附近，排出的气体在海水和冷空气的作用下，温度降至 100℃以下，热特征明显降低；此外，还采用了部分减声、消磁等措施。采用上述一系列措施后，其信号特征甚至小于一艘导弹快艇。

主要参数			
标准排水量	35900 吨	编制人数	152 人
满载排水量	3700 吨	续 航 力	8000 海里 /16 节
舰　　长	121 米	主要武器	1门 76 毫米舰炮，1门 35 毫米多用途舰炮，2 门 20 毫米机关炮，2 座 4 联装“飞鱼”舰舰导弹发射装置，2 座八联装“长矛”防空导弹发射装置，4 具 324 毫米鱼雷发射管
舰　　宽	16.34 米		
吃　　水	5.95 米		
最大航速	28 节	舰 载 机	1 架“超山猫”反潜 / 探索直升机

南非“勇猛”级护卫舰“阿玛托拉”号

（十）西班牙“阿尔瓦罗·迪巴赞”级护卫舰

“阿尔瓦罗·迪巴赞”级护卫舰也称F-100级护卫舰，是世界上第一种采用美制“宙斯盾”系统的护卫舰，具有较好的隐身性能，由欧洲第二、世界第九大造舰集团西班牙伊扎尔造船厂（IZAR）建造。该级舰以防空作战为主，兼具反潜、攻击水面舰艇等多重作战能力，可作为舰队的旗舰，主要担负西班牙航母编队的防空、反舰、反潜作战任务。

该级舰计划建造6艘，现建造5艘，舷号依次为F101 ~ F105。首舰“阿尔瓦罗·迪巴赞”号，2000年10月31日下水，2002年9月19日服役；2号舰“朱安·博本海军上将”号，2002年2月28日下水，2003年12月3日服役；3号舰“布拉兹·迪·黎洛”号，2003年5月16日下水，2004年12月16日服役；4号舰“曼迪兹·努尼兹”号，2004年11月12日下水，2006年3月21日服役；5号舰“克里斯托瓦尔科隆”号，2010年11月4日下水，2012年10月23日服役。

该级舰防空火力配置十分丰富，构成有三道密集的防空火网，是欧洲性能最强的防空型护卫舰。第一道由“标准”SM-2 MR block Ⅲ A防空导弹承担，共有32个发射单元，主要用于拦截中高空战机和中低飞行高度反舰导弹，也可拦截掠海飞行、超音速反舰导弹等目标，射程155千米；第二道由改进型“海麻雀导弹”承担，共有64个发射单元，主要用于拦截超音速、超低空、低雷达截面反舰导弹，射程30千米；最后一道由西班牙自行生产的20毫米机关炮和2门“厄利空”20毫米机关炮承担。其中，“厄利空”共有2排12管（2×6），是世界上管数最多的近防火炮，射速9000发/分，射程3000米。

该级舰最大的亮点是装备有1部美制“宙斯盾”SPY-1D对空搜索雷达。此外，还装备1部SPS-67搜索雷达，1部SPS-73（V）导航雷达，2部防空导弹火控雷达，1部雷神DE1160F舰壳主动搜索/攻击声纳系统，1部拖曳阵列声纳，1架SH-60B“海鹰”直升机。

主要参数			
标准排水量	5800吨	编制人数	250人
满载排水量	6391吨	续航力	4500海里/18节
舰长	146.7米	主要武器	1门127毫米舰炮，3门20毫米近防炮；1座MK-41型垂直发射系统（“标准-2”防空导弹32单元，“海麻雀”防空导弹64单元），2座4联装“鱼叉”舰舰导弹发射装置，4具324毫米鱼雷发射管
舰宽	18.6米		
吃水	4.75米		
最大航速	28.5节	舰载机	1架“超山猫”反潜/探索直升机

西班牙F-100级护卫舰“朱安·博本海军上将”号

三、护卫舰背后的故事

扑朔迷离的“天安”舰事件

2010 年 3 月 26 日，韩国联合通讯社报道，韩国“天安”号护卫舰在西海（黄海）白翎岛和大青岛之间巡逻时，在白翎岛西南方向 1.8 千米海域上，军舰发生爆炸，于当地时间 3 月 26 日 21 时 45 分许（北京时间 20 时 45 分）开始下沉。

报道援引韩国军方消息说，“舰船可能在船尾发生爆炸后开始下沉，我们眼下无法给出（天安号）下沉确切原因。”韩国联合参谋部说，“天安”号下沉时，在附近执行任务的韩国“束草”号护卫舰曾向“不明物”开火，但随后发现“不明物”可能是“鸟群”。据白翎岛居民透露，曾听到 15 分钟舰炮轰击声。

白翎岛面积有 46.37 平方千米，海拔 184 米，位于朝鲜和韩国北方分界线附近，现处于韩国实际控制之中，是韩国距离朝鲜最近的一个小岛，军事战略意义十分重要。从空中看，该岛犹如空中展开翅膀的白翎，因此得名为白翎岛。

“天安”号护卫舰，为韩国“浦项”级护卫舰，1989 年 11 月服役。“浦项”级是韩国现役数量最多的一种轻型护卫舰，包括反潜型和反舰型两种，共建造有 24 艘，其中前 4 艘为反舰型，后 20 艘为反潜型，主要担负沿海反潜和巡逻任务。“天安”号为反潜型护卫舰，标准排水量 1350 吨，舰长 88.3 米，舰宽 10 米，吃水 2.9 米，最大航速 32 节，舰员 95 人，装备 2 座单管“奥托·梅莱拉”76 毫米主炮，2 座双管 40 毫米机关炮，4 枚“鱼叉”反舰导弹，2 枚“飞鱼”反舰导弹，2 座 3 联装 MK–32 型鱼雷发射管，2 座深水炸弹发射架。

据“天安”号舰长崔元日称，事件发生时，他正在舱中，当时听到一声巨响，船很快就倾斜了，舰上电力和通信全部中断。当他从舱中走出后，发现船尾已经不见了，整个过程不到 2 分钟的时间。

“天安”舰爆炸沉没后，韩国海军立即派出 6 艘海军舰船、2 艘海岸巡逻船艇和 4 艘其他船只前往白翎岛附近海域援救。由于出事海域气象条件恶劣，“天安”

号残骸下沉到海面以下 24 米深处，救援队于 3 月 26 日下午曾经两度试图派潜水员接近沉船，但是都没有成功，搜救工作进展困难，除 58 人获救外，其余 46 人下落不明。

“天安”号沉没后，韩国政府立即召开紧急安全会议，了解状况，商讨对策。为了防止出现其他意外情况，韩国军方要求国防部、联合参谋本部和韩军主要指挥官原地待命，并提高了戒备等级。与此同时，围绕着“天安”号沉船的原因，也是众说纷纭。有的说，“天安”舰是被朝鲜的鱼雷击沉的；有的说，“天安”舰是被美军在演习中意外击沉的；还有的认为，“天安”舰是被朝鲜海岸炮兵击沉的。但是，韩国政府并没有给出官方的明确说法。

3 月 29 日，韩国海军当天出动 16 艘舰艇和 3 艘巡逻艇展开搜救工作，其中包括 15 名美军潜水员和部分民间潜水员，共计近 100 名潜水员，试图打开进入船体内的通道。但是，由于船艉的门已经变形，走廊部分扎入泥沙之中，潜水员根本无法进入船舱。潜水员用钢锤敲打船身，但舰内始终没有任何反应。

3 月 29 日晚，救援人员开始向舰内注入氧气，希望能够帮助可能的幸存者。后来，潜水人员终于进入位于舰艉的士兵食堂，但是，食堂里面已经灌满了水，舰艉周围的海水流速很快，能见度很差，即使有东西在眼前也根本发现不了。3 月 30 日，不但搜救仍然没有什么进展，还有一名潜水员在搜救中因事故不幸死亡。4 月 15 日，“天安”号舰艉被打捞出来；4 月 24 日，舰艏也被打捞出水，救援人员在舰内发现了船员的遗体。

为了查明“天安”号的沉没原因，韩国成立了联合调查团，调查团成员由韩国、美国、澳大利亚、英国、瑞典等国的 24 名专家组成。5 月，韩国公布正式调查结果，认为“天安”号是被朝鲜小型潜艇发射的鱼雷击中后沉没的。朝鲜国防委员会随即发表声明，拒绝接受这一结论，并要求派团到韩国核查证据，但这一要求遭到韩国拒绝。

5 月 24 日，韩国总统李明博对国民发表讲话，要求朝鲜就“天安”号事件道歉，禁止朝鲜船只进入韩国领海，中断与朝鲜之间的贸易、合作与交流。同日，朝鲜对李明博的讲话进行了驳斥，认为这是一场“拙劣的骗局”，并于5月25日宣布了对韩国的八项反制措施，包括全面冻结朝韩关系，废除朝韩互不侵犯协议，全面停止朝韩合作。

第六章　潜　艇

一、潜艇概述

潜艇也称潜水艇、潜舰、潜船，是一种既能在水面航行又能潜入水中某一深度进行机动作战的舰艇，英文名称Submarine，是海军的主要舰种之一。潜艇主要由艇体、操纵系统、动力装置、武器系统、导航系统、探测系统、通信设备、水声对抗设备、救生设备和居住生活设施等构成，主要装备有弹道导弹、巡航导弹、反潜导弹、鱼雷、水雷等武器。

潜艇作为海战中的秘密杀手，主要担负对陆上战略目标实施核袭击，摧毁敌方军事、政治、经济中心；消灭运输舰船、破坏敌方海上交通线；攻击大中型水面舰艇和潜艇；执行布雷、侦察、救援和遣送特种人员登陆等任务。

（一）潜艇的历史

潜艇的起源可追溯到17世纪以前。1620年，荷兰物理学家利尼利斯·德雷布尔在美国建造了1艘木质潜水船。该船以桨作动力，外面蒙有一层涂油牛皮，船内装有羊皮囊。当羊皮囊灌满水时，船因重力原因下潜；当把皮囊内的水挤压出去时，船就浮到了水面。依靠这个原理，该船可下潜4～5米，并通过水手划动木浆推动小船前进，可谓世界上最早的潜艇雏形。

1776年9月6日，第一艘具有军事意义的潜艇在美国下水。该艇名为“海龟”号（Turtle），由美国耶鲁大学的大卫·布什奈尔设计；仅有2米高，内部只能容纳1人操作方向舵和螺旋桨；通过脚踏阀门向水舱注水，可使艇潜至水下6米，可在水下停留约30分钟；通过操纵手动压力水泵，将水从舱内排出，使艇上浮；航行速度约3节/小时；艇外装有1个能用定时引信引爆的炸药包，可在艇内操纵系放于敌舰底部。1776年，“海龟”号企图偷袭依靠在纽约港的英国皇家海军“老鹰”号战船，虽未取得成功，却开创了潜艇首次袭击军舰的尝试。

1863年8月12日，由美国人汉利和他的小组所研制的“汉利”号开始服役。该艇长约12米，艇高约1.2米，呈雪茄形，乘员8人，靠人工摇动螺旋桨前进，航速4节，艇的前端装有外伸一个炸药包（竿式鱼雷）。1864年2月17日晚上9时许，南军利用该艇将北军的“豪萨托尼克”号护卫舰炸沉，但自己却因不明原因而沉没。

1863 年，法国建成“潜水员”号潜艇。该潜艇模拟海豚的外形，使用一部功率为 80 马力的压缩空气发动机作动力，艇长 42.67 米，排水量 420 吨，航速 2.4 节，可在水下潜航 3 小时，下潜深度 12 米，尺寸超过了当时所有的潜艇，成为 20 世纪之前最大的一艘潜艇。但该潜艇水下航行稳定性差，水下航行时所需要大量的空气无法得到有效满足，最终“潜水员”号还是以失败而告终。

1886 年，英国建造了一艘以蓄电池为动力的潜艇，命名为“鹦鹉螺”号。该潜艇航速 6 节，续航力约 80 海里。1897 年 5 月 17 日，时年 56 岁的美籍爱尔兰人约翰·霍兰成功地制造出“霍兰 -6”号潜艇。该艇长 15 米，装有 1 部 45 马力汽油发动机和 1 部以蓄电池为能源的电动机。潜艇水面航行时，以汽油发动机为动力，航速可达 7 海里，续航力 1000 海里；水下潜航时，以电动机为动力，航速可达 5 海里 / 小时，续航力 50 海里。该艇共有 5 名艇员，艇首安装 1 座鱼雷发射管（有 3 枚鱼雷）和 2 门火炮（向前、向后各 1 门）。这艘潜艇的问世成为潜艇发展史上的重要里程碑，奠定了霍兰“现代潜艇之父”的地位。

1893 年，当时最先进的“古斯塔夫·齐德”号潜艇在法国下水。该艇长约 45.7 米，排水量 266 吨，以电动机带动螺旋桨推进。1898 年，“古斯塔夫·齐德”号潜艇用鱼雷将英国战列舰“马琴他”击沉。此后，各国才真正意识到潜艇的重要作用，于是掀起了一股建造潜艇的热潮。第一次世界大战前，各主要海军国家共拥有潜艇 260 余艘，潜艇已成为海军重要作战兵力之一。

第一次世界大战打响后，潜艇就派上了用场。1914 年 9 月 22 日，德国“U-9”号潜艇在 1 个多小时内，接连击沉 3 艘英国巡洋舰，充分显示了潜艇的作战威力。一战期间，共有 192 艘战斗舰艇、5000 余艘商船被潜艇击沉，商船吨位 1400 万吨，其中被德国潜艇击沉的商船吨位 1300 多万吨。整个战争期间，也有 265 艘潜艇被击沉，其中德国达 200 艘以上。

鉴于潜艇的巨大威力，第一次世界大战后，各主要海军国家建造潜艇的势头更猛，潜艇的数量、种类不断增多，到第二次世界大战前夕，潜艇达 600 多艘。二战期间，潜艇的战术技术性能又有了进一步提高，排水量增加到 2000 余吨，下潜深度 100 ~ 200 米，水上最大航速 7 ~ 10 节，水下航速 16 ~ 20 节，续航能力达 1 万多海里，自持力 1 ~ 2 个月，装有 6 ~ 10 个鱼雷发射管，可携带 20 余枚鱼雷，并安装 1 ~ 2 门火炮，其活动范围几乎遍布各大洋。整个战争期间，共有 300 多艘大、中型水面舰艇和 5000 多艘运输船（2000 多万吨）被潜艇击沉，但也有 1100 多艘潜艇葬身海底。

第二次世界大战后，世界各国海军十分重视新型潜艇的研制。1955 年，美国建成的世界上第一艘核动力潜艇“鹦鹉螺” 号正式服役，并于 1958 年首次成功地在冰层下穿越北极。1960 年，美国战略导弹潜艇“乔治·华盛顿”号在水下成功地发射“北极星”弹道导弹，标志着潜艇成为一种战略核打击力量。1958 年 7 月 4 日，苏联第一艘核动力 627 型潜艇进行了首次水下航行，并于 1962 年 7 月 17 日在北极地区进行了水下潜航。此后，英国、法国和中国也相继建成核动力战略导弹潜艇和核动力攻击潜艇。

20 世纪 80 年代以后，潜艇技术更加成熟，排水量不断增大，装备有弹

道导弹、巡航导弹、鱼雷等武器，水下航速 20 ~ 42 节，下潜深度 300 ~ 900 米，续航力、隐蔽性、机动性和突击能力明显提高。

（二）潜艇的航行状态

1. 水上状态。潜艇所有主水柜均不注水，水线以上部分全部暴露在水面的状态。此时，潜艇相当于一艘水面舰艇。水上航行状态，潜艇失去了其固有的隐蔽性，通常是在无敌情顾虑或潜艇有故障等个别情况下使用，战斗中一般不在水上状态下航行。

2. 半潜状态。潜艇主水柜除中间组外，其余均注满水。只有上甲板和上层建筑露出水面的状态。潜艇处于半潜状态时稳定性、隐蔽性较差，通常仅作为潜、浮过程中一个过渡状态，禁止在此状态下长期航行。

3. 水中状态。潜艇所有主水柜均注满水，完全处在水中的状态。处于水中状态航行的潜艇，可利用水层隐蔽自己，是潜艇战斗活动的主要状态。

4. 通气管状态。潜艇处于水中升出通气管航行的状态。处于通气管状态的潜艇，可使用内燃机航行。这种状态通常是在敌情威胁不大时使用。

5. 潜坐海底。当海底平坦，水深底质合适，潜艇即可停机坐底。主要用于潜艇隐蔽待机、重装鱼雷和一些特殊水下活动。

（三）潜艇的分类

1. 按动力推进方式分，主要有核动力潜艇和常规动力潜艇。其中，核动力潜艇在艇上设有反应堆舱，以核反应堆为动力；同时还设有主机舱，内有带传动装置的蒸汽轮机；通过核裂变产生的热能，经热交换器和蒸汽轮机转换为动能，带动螺旋桨推动潜艇航行。常规动力潜艇一般采用柴油机、电动机推进，在水下潜航时用蓄电池和电动机推进，在水面或通气管状态航行时，用柴油机推进，同时带动发电机给蓄电池充电。

2. 按作战任务分，主要有战略导弹潜艇、攻击型潜艇、特种潜艇。其中，战略导弹潜艇以战略弹道导弹为主要武器，主要对陆上目标实施远程攻击，一般采用核动力推进，又称战略导弹核潜艇。攻击型潜艇以鱼雷和战役战术导弹为主要武器，主要担负攻击敌水面舰艇和潜艇的任务，有的采用核动力方式推进。特种潜艇主要包括雷达哨潜艇、布雷潜艇、侦察潜艇、运输潜艇等，通常采用常规动力推进。

3. 按排水量分，主要有大型潜艇、中型潜艇、小型潜艇和袖珍潜艇。其中，大型潜艇排水量在 2000 吨以上；中型潜艇排水量为 600 ~ 2000 吨；小型潜艇排水量为 100 ~ 600 吨；袖珍潜艇排水量为 100 吨以下。

4. 按艇体结构分，主要有双壳潜艇、单壳潜艇和单、双壳混合潜艇。其中，单壳潜艇靠一层壳体承受海水压力，维持艇内气压；双壳潜艇是有两层壳体的潜艇，外围是非耐压仓（可储水），内部是耐压仓，保护设备与人员。

（四）潜艇的特点

一是隐蔽性好。潜艇以海水为掩护，大多数时间处于水中，雷达和光学仪器等常用侦测设备根本无法发现其踪影，只能靠声纳等专用设备进行探测。但是，当潜艇距离较远或者下潜很深时，特别是对于那些采取隔音降噪处理的潜艇来说，声纳的作用也相当有限，20 世纪 80 年代中期，苏联的一艘攻击型核潜艇在日本海长时间对美军“小鹰”号航母进行跟踪，因距离太近，潜艇与航母相撞，被迫浮出水面，美国航母才发现对方。

二是续航力大。水面舰艇的续航力一般在几千海里，而现代常规动力潜艇的水下续航力可达 1 万海里，一些性能先进的常规动力潜艇接近 3 万海里，潜艇在装满油、水、食品等补给品之后，一次可在水下连续航行 60 ~ 100 昼夜。

三是突击威力大。潜艇以导弹和鱼雷为主要武器，一般装有 4 ~ 8 个鱼雷发射管，携带鱼雷、反舰导弹、反潜导弹 10 ~ 20 枚，作用距离 20 ~ 130 千米不等，在水中秘密发射，只要有 2 枚鱼雷命中大型航母就可令其瘫痪，4 枚即可击沉。弹道导弹潜艇威力更大，简直就是一座核武库，可携带数枚甚至 100 多枚核弹头，当量可达上千万吨。

四是建造技术复杂。潜艇配套设备多样，技术要求高，需要一个国家拥有较高的科学研究水平和工业制造水平，全世界能够自行研制并生产潜艇的国家不多，尤其是核动力潜艇，目前只有美、中、英、法、俄等少数几个国家有能力自行研制。

（五）潜艇的未来

一是发展艇体隐身、降噪技术，以提高隐蔽性；

二是研制高强度耐压材料，增大潜艇下潜深度；

三是增大核潜艇的核反应堆功率，延长堆芯使用寿命，提高核潜艇水下航速和续航时间；

四是增大常规动力潜艇的电池容量，研制性能良好的氢氧燃料、钠硫电等新型电池和超导电机，以提高水下机动性；

五是装备高效能的综合声纳、拖曳声纳和水声对抗设备，增大水下探测距离和提高水声对抗能力；

六是提高潜射导弹的射程、命中精度和打击威力，增加分导多弹头等抗反导能力；

七是提高潜艇发射鱼雷的航速、航程和航深，并使其实现智能化；

八是进一步提高驾驶、探测、武器和动力等系统以及其他设备的操纵自动化水平。

二、经典潜艇

（一）美国“乔治·华盛顿”级战略核潜艇

“乔治·华盛顿”级核潜艇诞生于20世纪50年代，由美国通用动力电船分公司生产，是世界上第一艘装备有战略弹道导弹的战略核潜艇。该级艇共有5艘，分别是“乔治·华盛顿”“帕特里克·亨利”“西奥多·罗斯福”“罗伯特·E·李”“亚伯拉罕·林肯”号，舷号依次为SSBN598～SSBN602。

1957年10月4日，苏联成功地向太空发射了第一颗人造卫星，这就意味着包括美国在内的所有西方国家都将处于苏联带有核弹头的弹道导弹的攻

主要参数			
水上排水量	5959 ~ 6019 吨	极限深度	213 米
水下排水量	6709 ~ 6888 吨	最大航速	20 节（水上），25 节（水下）
艇　　长	116.3 米	编制人数	132 人
艇　　宽	10.1 米	自 持 力	60 昼夜
吃　　水	8.8 米	主要武器	6 具 533 毫米水压式鱼雷发射管，16 枚“北极星”A1 弹道导弹

美国“乔治 · 华盛顿”级战略核潜艇“华盛顿”号

击范围之内。这一举动让美国十分不安，美国随即调整了当时正在进行的核攻击潜艇的建造计划，转向生产战略弹道导弹核潜艇。

为了达到遏制苏联的目的，美国一方面加快“北极星”弹道导弹的研制与试验；另一方面将正在建造中的“鲣鱼”级攻击核潜艇的第二艘“蝎子”号拦腰斩断，在中间插入了一段39.6米长的分段，并在其中安排了16枚“北极星”战略导弹及其指挥系统，就这样，世界上第一艘战略弹道导弹核潜艇—“乔治·华盛顿”号诞生了。

1959年12月30日，“乔治·华盛顿”号正式服役。1960年7月20日，该艇在佛罗里达州的卡纳维拉尔角以水下潜航的状态成功地发射了第一枚全功能的“北极星”A1弹道导弹。3小时之后，又成功地发射了第二枚。1960年11月15日，“华盛顿”号携带16枚“北极星”A1导弹开始在北大西洋执行第一次非战时巡逻任务，共历时66天10小时，于1961年1月21日返回基地，从此标志着潜射弹道导弹第一次构成了真正的全球性威慑力量。

该级艇装有1座压水核反应堆，水上航速20节，水下航速25节，编制人数112人，自持力60昼夜。艇上装有16个“北极星”弹道导弹发射筒（2×8），发射“北极星”A1导弹，射程2200千米；6具533毫米鱼雷发射管；1部AN/BQS-4型主动声纳，1部AN/BQR-2B型被动声纳。由于该级艇仓促上马，在实际运行中暴露出不少问题，部分艇被改装为训练艇，所有艇于20世纪80年代中期前全部退役。

（二）美国“俄亥俄”级战略核潜艇

“俄亥俄”级核潜艇是美国20世纪60年代研制的第四代战略导弹核潜艇，由美国通用动力公司电船分公司研制，由于艇上装备“三叉戟”弹道导弹，又称为“三叉戟”导弹核潜艇。

“俄亥俄”共有18艘，分别是“俄亥俄”“密歇根”“佛罗里达”“佐治亚”“亨利·M·杰克逊”“亚拉巴马”“阿拉斯加”“内华达”“田纳西”“宾夕法尼亚”“西弗吉尼亚”“肯塔基”“马里兰”“内布拉斯加”“罗德岛”“缅因”“怀俄明”“路易斯安那”号，舷号依次为SSBN726 ~ SSBN743。首艇“俄亥俄”号于1976年4月10日建造，1979年4月7日下水，1981年11月11日服役，1982年1月发射第一枚导弹，1982年10月作首次战斗部署。最后一艘“路易斯安那”号于1992年10月23日建造，1996年7月27日下水，1996年7月13日服役。2002年，美国将其中的前4艘改为发射巡航导弹，舷号依次改为SSGN726 ~ SSGN729。

该级艇采用水滴形外形设计，长宽比为13.3 ：1，艇长170.7米，艇宽12.8米，吃水11.5米，水上排水量16764吨，下潜排水量18750吨，最大下潜深度400米，配有1台反应堆、2台蒸汽轮机，水上航速12节，水下航速20节，艇员155人，续航力100万千米，更换一次核燃料可连续运行15年以上。平时，潜艇在海上巡逻70天后，返回维修保养25天。

该级艇是美国历史上建造的最大的战略导弹核潜艇，攻击能力强。潜艇

采用单壳体结构，主要由指挥舱、导弹舱、反应堆舱和主辅机舱构成。其中，导弹舱位于潜艇后部，共有 24 个导弹发射筒。前 8 艘艇装备“三叉戟 -1”（C4）型导弹，第 9 ~ 18 艘艇装备“三叉戟 -2”型导弹。

另外，该级艇首部装有 4 具 MK-68 型鱼雷发射管，可携带 12 枚 MK-48 型多用途线导鱼雷，最大射程 50 千米，主要用于攻击潜艇或水面舰艇。该级艇装备有海军第二代“导航星”全球定位系统、卫星通信终端和潜艇卫星信息交换系统、惯性导航设备和静电陀螺监控器、无线电导航接收机、声纳导航装置、对海搜索雷达、敌我识别雷达以及拖曳式线列基阵声纳等电子设备，具有很强的探测能力。

美国“俄亥俄”级战略核潜艇“佐治亚”号

主要参数	
水上排水量	16764 吨
水下排水量	18750 吨
艇　　长	170.7 米
艇　　宽	12.8 米
吃　　水	11.5 米
极限深度	400 米
最大航速	12 节（水上），20 节（水下）
编制人数	155 人
续 航 力	100 万千米
主要武器	前 8 艘艇装备“三叉戟 -1”（C4）型导弹，第 9 ~ 18 艘艇装备“三叉戟 -2”（D5）型导弹；MK-68 型鱼雷发射管

（三）美国“海狼”级核潜艇

“海狼”级核潜艇是目前世界上最先进、最有战斗力的多用途攻击型核潜艇之一。该级艇建造于 20 世纪 80 年代末，由美国通用动力公司电船分公司建造，主要执行反潜、攻击潜艇、对岸攻击、布雷和为航母编队护航等多项任务。

该级艇计划建造 29 艘，实际建造 3 艘，分别是“海狼”“康涅狄格”和“吉米·卡特”号，舷号依次为 SSN21、SSN22、SSN23。首艇“海狼”号，1989 年 10 月 25 日开工，1995 年 6 月 24 日下水，1997 年 7 月 19 日服役；2 号艇“康涅狄格”号，1992 年 9 月 14 日开工，1997 年 9 月 1 日下水，1998 年 12 月 11 日服役；3 号艇“吉米·卡特”号，1998 年 12 月 5 日开工，2004 年 5 月 13 日下水，2005 年 2 月 19 日服役。

该级艇采用水滴形外形，表面敷设消声瓦，各种升降装置涂有反雷达波的迷彩涂层，并采用

主要参数			
水上排水量	7568 吨	极限深度	610 米
下潜排水量	9142 吨	最大航速	20 节（水上），35 节（水下）
艇长	107.6 米	编制人数	133 人
艇宽	12.2 米	自持力	无限（仅受限于人员生活补给）
吃水	10.7 米	主要武器	8 具 660 毫米鱼雷发射筒，UGM-109“战斧”巡航飞弹，UGM-84“鱼叉”导弹

美国“海狼”级核潜艇“康涅狄格”号

了其他先进的隔振降噪措施，潜艇采用喷水推进，推进系统和螺旋桨噪声仅为改进型“洛杉矶”级的1/10，是第一代“洛杉矶”级的1/70，具有很强的隐身性能。

作为一种攻击型核潜艇，“海狼”级武器装备配置十分丰富。艇上装有8具660毫米鱼雷发射管（2×4），可发射艇上各类导弹、鱼雷和水雷。主要武器包括“战斧”式巡航导弹（12枚）、“鱼叉”反舰导弹、“海长矛”反潜导弹、MK-48型重型鱼雷（反舰、反潜两用）、MK-60型水雷、“西埃姆”型潜射自卫式近程防空导弹等，艇上总备弹量达50枚，是“洛杉矶”级潜艇武器数量的2倍。

该级艇采用高屈强度钢，艇体非常坚硬，可以穿透冰层，艇尾安装有呈“木”字形的6个安定面，非常适合在北冰洋一带水下活动，用来对抗俄罗斯潜艇。该级艇装备有美国目前最先进的AN/BSY-2型综合作战系统、AN/LLQQ-SD型主动被动综合声纳、TB-16被动拖曳阵声纳、TB-23型拖曳声纳，水下探测距离成倍增加，战斗性能超过以往任何一种攻击型潜艇。

（四）俄罗斯“台风”级战略核潜艇

“台风”级弹道导弹核潜艇始建于20世纪70年代中期，北约代号为“台风”级，苏联代号为“941”，是当时“相互确保摧毁”核战略的突出代表，由苏联红宝石设计局设计，谢夫马什船厂建造，是苏联最大的弹道导弹核潜艇，也是世界上最大的潜艇，体积约为美国“俄亥俄”级的2倍。

该级艇计划建造7艘，实际建成6艘，分别是TK-208（“德米特里·东斯科伊”）、TK-202、TK-12（“西姆布斯克”）、TK-13、TK-17（“阿尔汉格尔斯克”）、TK-20（“谢维尔斯塔尔”）。首艇“德米特里·东斯科伊”号，1976年6月30日开工，1980年9月27日下水，1981年12月29日服役；最后一艘“谢维尔斯塔尔”号，1985年8月27日开工，1988年4月11日下水，1989年12月19日服役。7号艇TK-210于1986年开工，1990年取消建造。

苏联解体后，有3艘该级艇被拆解，目前，仅有TK-208（“德米特里·东斯科伊”）一艘在役，TK-17、TK-20处于封存状态。作为对抗美国“俄亥俄”级战略弹道导弹核潜艇的利器，“台风”级水上排水量23200~24500吨，水下排水量33800~48000吨，下潜深度400米，装有2座压水核反应堆，水上最大航速22.22节，水下最大航速27节，艇员160人。

“台风”级战略核潜艇装备有20个导弹发射管，携带20枚SS-N-20弹道导弹，采用固体燃料，可携带10分弹头，射程8000 ~ 10000千米，圆概率偏差500 ~ 600米，可有效覆盖美国及北约国家。另外，还有4具

650 毫米鱼雷发射管和 2 具 533 毫米鱼雷发射管。其中，533 毫米鱼雷发射管可发射 SS-N-15 反潜导弹，最大射程 50 千米，可携带 20 万吨当量的核弹头。650 毫米鱼雷发射管可发射 SS-N-16 反潜导弹，其战斗部为 40 型鱼雷，弹头重 60 千克，航速 46 节，采用主 / 被动声自导，飞行速度 3 马赫，最大射程 120 千米；如换装型号为 SS-N-16B 的核弹，最大射程 17 千米。

主要参数			
水上排水量	23200~24500 吨	极限深度	400 米
水下排水量	33800~48000 吨	最大航速	22.22 节（水上），27 节（水下）
艇　　长	175 米	编制人数	160 人
艇　　宽	23 米	自 持 力	120 天
吃　　水	12 米	主要武器	SS-N-20 弹道导弹，SS-N-15 反潜导弹（可自 533 毫米鱼雷发射管发射），SS-N-16 反潜导弹（可自 650 毫米鱼雷发射管发射），2 具 533 毫米鱼雷发射管，4 具 650 毫米鱼雷发射管

俄罗斯“台风”级战略核潜艇

（五）俄罗斯“奥斯卡”级巡航导弹核潜艇

“奥斯卡”（Oscar）级核潜艇是俄罗斯海军装备的最先进的巡航导弹潜艇，由俄罗斯红宝石设计局设计，北德文斯克造船厂建造。该级艇分为1级和2级，俄海军代号为949型“花岗岩”和949A型“安泰”核动力巡航导弹潜艇，北约代号分别为奥斯卡1级和奥斯卡2级。主要任务是在靠近俄罗斯的海域以多枚导弹攻击敌方航母作战编队，也可与远程海上轰炸机和水面舰艇协同作战，对航母作战编队实施饱和攻击。

奥斯卡1级（949型）共有2艘，1号艇“阿尔汉格尔斯克”号（舷号K-525），1975年7月25日开工，1980年5月3日下水，1980年12月30日服役；2号艇“摩尔曼斯克”号（K-206），1979年4月22日开工，1982年12月10日下水，1983年11月30日服役；两艘潜艇均于1996年退役。

奥斯卡2级（949A型）共有12艘，分别部署在北方舰队和太平洋舰队，1号艇“克拉斯诺达尔”号，1982年7月22日开工，1985年3月3日下水，1986年9月30日服役。目前，俄北方舰队共有“奥斯卡”级潜艇8艘，分别是K-525（“阿尔汉格尔斯克”），K-206（“摩尔曼斯克”），K-148（“克拉斯诺达尔”）、K-119（“沃罗涅日”）、K-410（“斯摩棱斯克”）、K-266（“奥廖尔”）、K-141（“库尔斯克”）。其中，K-141“库尔斯克”号于2000年8月12日在巴伦支海域参加军事演习时发生爆炸并沉没，艇上118人全部遇难。

太平洋舰队共有6艘，分别是K-173（克拉斯诺雅尔斯克）、K-132（“伊尔库茨克”）、K-442（“车里雅宾斯克”）、K-456（“特维尔”）、K-186（“鄂木斯克”）、K-150（“托木斯克”）号艇。另外，还有3艘未完成建造，分别是K-139（“别尔哥罗德”）、K-135（“伏尔加格勒”）、K-165（“巴尔瑙尔”）。

该级艇采用水滴形线型，双壳体结构，1级艇共有9个舱室，2级艇为10个，装有2座压水核反应堆。该级艇水上排水量13400吨（2级14700吨），水下排水量20540吨（2级19400吨），是当前世界上吨位最大的一种巡航导弹核潜艇。该级艇长144米（2级155米），艇宽18.2米，吃水9米，水上最大航速15节，水下最大航速32节，下潜深度520米（2级600米），艇员94人（2级107人），自持力120～140天。

艇上安装有24具SS-N-19反舰导弹发射筒，该导弹是SS-N-12导弹的改进型，可从水下发射，飞行速度1.6马赫，末段突防速度3.5马赫，采用惯性制导、主动雷达寻的，射程20～550千米，具有突防能力强、打击威力大等特点，可对航母等大型水面舰艇实施饱和攻击。部分奥斯卡2级艇换装为SS-N-4对地巡航导弹，射程4000千米，可携带100万吨当量的核弹头。此外，艇上还装4具533毫米鱼雷发射管，发射53型鱼雷，航速45节，射程20千米，潜深300米，并可发射SS-N-15型反潜导弹；4具650毫米鱼雷发射管，发射65型鱼雷，航速60节，射程40千米，潜深1000米，并可发射SS-N-16型反潜导弹。整个艇上共有28枚导弹，是当今世界上威力最强的一种巡航导弹核潜艇，也是成为俄罗斯反航母作战的核心力量。

主要参数			
水上排水量	13400吨（2级14700吨）	下潜深度	下潜深度520米（2级600米）
水下排水量	20540吨（2级19400吨）	最大航速	15节（水上），32节（水下）
艇长	144米（2级155米）	编制人数	94人（2级107人）
艇宽	18.2米	自持力	120～140天
吃水	9米	主要武器	SS-N-24反舰导弹，SS-N-15反潜导弹，SS-N-16反潜导弹，4具533毫米鱼雷发射管，4具650毫米鱼雷发射管

俄罗斯“奥斯卡”级巡航导弹核潜艇

（六）俄罗斯“基洛”级常规动力潜艇

“基洛”级潜艇是苏联第二次世界大战后研制的第三代常规动力潜艇，也是俄罗斯现役的最新一代柴电潜艇，苏俄编号为877级鲽鱼型，国内型称“法霞夫扬卡”级，出口型编号877E千米。基洛是Kilo的音译。

该级艇由苏联红宝石设计局于1974年研制，由克斯曼斯克船厂建造，首艇于1980年3月16日开工，1980年12月9日下水，1980年12月31日服役。1993年，俄罗斯在877型的基础上推出了号称“终结者—基洛”的636型潜艇。目前，俄罗斯共有877型17艘、636型6艘（已订购），并出口至印度10艘、越南6艘、伊朗3艘。

主要参数	
水上排水量	2300~2350 吨
下潜排水量	3000~3950 吨
艇　　长	70~74 米
艇　　宽	9.9 米
吃　　水	6.5 米
极限深度	300 米
最大航速	12 节（水上），25 节（水下）
编制人数	52 人
自 持 力	45 天
主要武器	“俱乐部”反舰导弹，8 枚 SA-N-8 防空导弹，6 具 533 毫米鱼雷发射管，24 枚 AN-1 沉底水雷

俄罗斯“基洛”级常规动力潜艇

该级艇号称是当今世界上“最安静的潜艇”，具有极强的突防能力和生存能力。该级艇除采用低阻水滴形外形外；还采用电力驱动方式，配有两台柴电机组、一台推进电机和一台经济巡航电机，通过柴油发电机组发电，为推进电机和蓄电池组充电提供电力，从而有效地降低了机械噪声；此外，为了进一步减少噪声辐射，该级艇采用浮筏减振技术，将所有的动力机械等噪声源安装在与艇壳隔离的“减振浮筏”上，并在艇壳表面敷设了一层特制的消声瓦，使噪声水平进一步降低。

“基洛级”潜艇共有 6 个耐压舱，艇上武器配置比较全面，具有反潜、反舰、防空等综合作战能力，装有6具533毫米鱼雷发射管，共备有18枚鱼雷，发射管中的6枚鱼雷可在15秒内完成射击，再次装填仅需2分钟；装备有“俱乐部”反舰导弹，可从潜艇的鱼雷发射管中发射，巡航速度 0.6 ~ 0.8 马赫，弹头重 400 千克，射程 300 千米；携带有 8 枚 SA-N-8 防空导弹，潜艇浮出水面后可攻击 6 千米距离内的空中目标；当潜艇不携带鱼雷时，可携带 24 枚 AN-1 沉底水雷。

“基洛”级装备有较为现代化的电子设备，配备的 MTK-400 艇壳声纳具有全方位被动工作方式和航向角 130° 扇面主动测距方式；采用的 MBY-110M 模拟式作战情报指挥系统，可同时手动锁定 2 个目标、自动锁定 3 个目标，从探测转入攻击的准备时间为 1 分钟。

（七）俄罗斯“北风之神”级战略核潜艇

“北风之神”级战略核潜艇是苏联解体后俄罗斯研制的唯一战略核潜艇。该级艇的名字源于希腊神话中的“北风之神”，由俄罗斯红宝石设计局设计，由北德文斯克造船厂建造，俄方代号为“955”级，西方称其为“多尔戈鲁基”级，是俄海军第5代弹道导弹核潜艇，被认为是美国“俄亥俄”级战略核潜艇的劲敌，主要用来维持与美国的海上战略平衡。

该级艇的研制工作始于1996年，但建造速度缓慢。为了重塑大国形象，俄罗斯计划建造10艘“北风之神”，目前已建成3艘，另有3艘在建。首艇“尤里·多尔戈鲁基”号（舷号K-535），1996年11月2日开工，2008年2月13日下水，2013年1月10日服役，装备北方舰队。2号艇“亚历山大·涅夫斯基”号（舷号K-550），2004年3月19日开工，2010年12月6日下水，2013年12月21日服役，装备太平洋舰队。3号艇“弗拉基米尔·莫诺马赫”号（舷号K-551），2006年3月19日开工，2012年12月30日下水，预计2014年完工。4号艇“弗拉基米尔”已于2012年7月30日开工，5号艇“苏沃洛夫”、6号艇“库图佐夫”预计2014年建造，另外还有2艘艇预计2015年建造，2020年年底完工。

该级艇排水量和外形尺寸均明显小于俄罗斯“台风”级和美国的“俄亥俄”级战略弹道导弹潜艇，但各方面表现可不差。

“北风之神”具有噪声小、隐蔽性能好、作战能力强等特点。为了躲避

美国反潜艇系统的跟踪，该级艇的艇身敷设有厚度超过 150 毫米的高效消声瓦；主机等主要噪声源安装在整体浮筏式双层减振基座，且装有隔音罩；同时，还对艇内机械装置也采取了降噪设计处理；潜艇水下航行噪声仅为 108 分贝，比美国的“俄亥俄”级还要低 2 分贝。另外，俄罗斯人还对该级艇的红外特征、磁性特征、尾流特征等方面采取了一些特殊的隐形处理措施。

该级艇安装有 1 套“公共马车”型作战控制指挥系统、1 套“斯卡特”型综合声纳系统，其中后者包括艇艏声纳、舷侧声纳和拖曳线列阵声纳。艇上安装有 16 个导弹发射筒，发射“圆锤”（SS-NX-30）洲际弹道导弹，可携弹 16 枚。此外，还装备有 6 具 533 毫米鱼雷发射管，可发射 SS-N-15 反潜导弹和 16 枚鱼雷；SA-N-8 近程舰空导弹。

俄罗斯“北风之神”级战略核潜艇

主要参数			
水上排水量	14720 吨	极限深度	450 米
下潜排水量	24000 吨	最大航速	15 节（水上），30 节（水下）
艇长	170 米	编制人数	107 人
艇宽	13.5 米	自持力	70 天
吃水	10 米	主要武器	“圆锤”洲际导弹，SS-N-15 反潜导弹，SA-N-8 舰空导弹；6 具 533 毫米和 6 具 324 毫米鱼雷发射管

（八）英国“前卫”级战略核潜艇

“前卫”级战略核潜艇始建于20世纪中期。该级艇仿照美国海军“俄亥俄”级设计，由英国维克斯公司巴罗造船厂建造，但吨位较小。自1997年WE.177核弹从英国空军退役后，该级艇是英国军队现役唯一的一种核打击平台，承担着英国战略核威慑的重任。

“前卫”级战略核潜艇共有4艘，舷号依次为S28～S31。首艇“前卫”号，1986年9月3日开工，1992年3月4日下水，1993年8月份14日服役；2号艇“胜利”号，1987年12月3日开工，1993年9月29日下水，1995年1月7日服役；3号艇“警惕”号，1991年2月16日开工，1995年10月14日下水，1996年11月2日服役；4号艇“复仇”号，1993年2月1日开工，1998年9月19日下水，1999年11月27日服役。

潜艇采用泵喷式推进技术，外表敷设有消声瓦，艇内装有浮筏减振基座，噪声得到了有效控制。此外，还采取了消磁和消除红外特征等一系列隐身措施，潜艇的综合隐身性得到了大幅度提高。

该级艇装备有1套道梯—塞玛公司的SMCS作战数据系统；1套马可尼/普莱西公司的2054型组合多频声纳，包括舰壳声纳、拖曳阵声纳、被动探测和测距声纳；2部诱饵发射装置。艇上装有16个弹道导弹发射筒，携带16枚“三叉戟-2”型潜射弹道导弹。另外，还装有4具533毫米舰艏鱼雷发射管，发射马可尼公司的“旗鱼”线导两用鱼雷，采取主/被动声寻的，

战斗部重 300 千克，航速 50 节时射程 55 千米，航速 70 节时射程 26 千米。

主要参数	
水上排水量	14891 吨
下潜排水量	15900 吨
艇　　长	149.9 米
艇　　宽	12.8 米
吃　　水	12 米
极限深度	350 米
最大航速	25 节（水下）
编制人数	135 人（军官 14 人）
主要武器	“三叉戟 -2”型潜射弹道导弹，4 具 533 毫米鱼雷发射管

英国“前卫”级战略核潜艇

（九）日本“亲潮”级潜艇

“亲潮”级潜艇是日本海上自卫队多用途常规攻击潜艇。该级艇在春潮级潜艇基础上改进而成，是日本自行设计建造的第三代潜艇，分别由三菱重工神户造船所、川崎造船神户工场建造，是日本现役主力潜艇之一，主要担负反潜和攻击大型水面舰艇任务。

“亲潮”级共有11艘，舷号依次为SS590～SS600，分别是“亲潮”“满潮”“涡潮”“卷潮”“矶潮”“鸣潮”“黑潮”“高潮”“八重潮”“濑户潮”“持潮”号。1号艇“亲潮”号，1994年1月26日开工，1996年

主要参数	
水上排水量	2750 吨
下潜排水量	4000 吨
艇长	81.7 米
艇宽	8.9 米
吃水	7.4 米
极限深度	500 米
最大航速	12 节（水上），20 节（水下）
编制人数	70 人
主要武器	6 具 533 毫米鱼雷发射管（可发射“鱼叉”导弹、日制 89 式鱼雷）

日本“亲潮”级潜艇“亲潮”号

10月15日下水，1998年3月16日服役；11号艇“持潮”号，2004年2月23日开工，2006年11月6日下水，2008年3月6日服役。

该级艇一改日本以往“泪滴”式艇身设计，而变为“叶卷”形（“雪茄”形），采用十字形尾舵，艇身更加细长，以便增加船舱内部空间，提高艇员居住的舒适性。该级艇采用最新的单壳、复壳并用复合结构，最大安全下潜深度可超过350米。

潜艇具有良好的操控性能和隐形性能。潜艇外形设计时综合运用了流体力学和隐身学技术，舰体表面平滑简洁，既减小了潜艇航行时的阻力，也起到了降低噪声的作用。此外，艇身还安装有格状的水中消音瓦，这是日本潜艇首次采用这项先进技术，从而大幅度提高了该级潜艇的水中隐蔽性。

该级艇装有1部对海搜索雷达，装备最先进的ZYQ-3型战斗情报处理系统，1套艇壳声纳和1套舷侧阵列声纳；装备有6具533毫米鱼雷发射管，两侧发射管采取“一前两后”方式配置，可发射潜射型“鱼叉”反舰导弹和日制89式533毫米重型线导鱼雷，艇内共装备20枚鱼雷和导弹，其中，89式线导鱼雷最大射程50千米，“鱼叉”导弹最大射程可达130千米。

（十）日本“苍龙”级潜艇

“苍龙”级潜艇是日本建造的新一代柴油动力攻击型常规潜艇，分别由三菱重工神户造船所、川崎造船神户工场建造，是日本第二次世界大战以后建造的吨位最大的一种潜艇。该级潜艇打破了以往日本海军以潮汐命名的惯例，而是采用了以吉祥动物命名。

该级潜艇计划建造9艘，舷号依次为SS501～509，目前有5艘建成服役，分别是“苍龙”“云龙”“白龙”“剑龙”“瑞龙”号。其中，1号艇“苍龙”号，2005年3月31日开工，2007年12月5日下水，2009年3月30日服役；5号艇“瑞龙”号，2009年3月16日开工，2011年10月20日下水，2013年3月9日服役。

6号艇“黑龙”号，2011年1月21日开工，2013年10月31日下水，预计2015年3月服役。SS507、508、509分别于2012年3月、2013年3月、2014年3月开工，预计于2016年3月、2017年3月和2018年3月服役。

该级艇装备有2台柴油机、4台瑞典生产的斯特林发动机和1台主推进电动机。通过采用先进的AIP技术（不依赖空气技术），当潜艇在水下以4～5节速度低速航行时，通过向斯特林发动机燃烧室内未被吸收的部分气体再注入一定量的氧气，组成人造大气，为发电机提供动力，推动潜艇水下航行，可保证潜艇连续水下航行2～3周而不用浮出水面。另外，潜艇外表敷设有声反射材料，该级艇的隐蔽性和水下待机作战能力大大提高。

"苍龙"级潜艇水上排水量 2900 吨，水下排水量 4200 吨，艇长 84 米，艇宽 9.1 米，吃水 8.5 米，水上最大航速 13 节，水下最大航速 20 节，下潜深度 500 米，艇员 65 人，自持力 3 周。该级艇外形与"亲潮"级基本相同，均为"叶卷"型，但尾舵改为 X 型，排水量比"亲潮"级增加 200 吨，艇体长度增加 2 米左右。

"苍龙"级电子设备与"亲潮"级相同；装备有 6 具 533 毫米鱼雷发射管，发射管的布局与"亲潮"级完全一样，在潜艇首部两侧分上下两层水平排列，上层 2 具（1×2），下层 4 具（2×2），可发射"鱼叉"潜射反舰导弹和日本自制的 89 型鱼雷，带弹量 21 枚。

主要参数	
水上排水量	2900 吨
下潜排水量	4200 吨
艇　　长	84 米
艇　　宽	9.1 米
吃　　水	8.5 米
极限深度	500 米
最大航速	13 节（水上），20 节（水下）
编制人数	65 人
主要武器	6 具 533 毫米 鱼雷管

日本"苍龙"级潜艇

三、潜艇背后的故事

三艘巡洋舰瞬间命殒“U-9”

第一次世界大战时，潜艇刚刚编进海军序列不久。当时，人们普遍认为，中大型水面战舰才是海上的真正主宰，潜艇充其量只能算是海军的一支辅助兵力。

1914 年 8 月 4 日，德国和英国正式宣战。英国仗着自己拥有大型水面战舰的优势，派出大批战列舰、巡洋舰对北海海域进行封锁，企图寻找战机与德国海军舰队决一死战。8 月 5 日，也就是宣战的第二天，德国即派出 10 艘潜艇进入北海海域，企图摸清英国舰队的作战企图。

8 月 9 日，德国潜艇“U-15”号遭到英国巡洋舰“伯明翰”号的攻击，葬身于海底。1914 年 9 月，德、英两方的陆军在比利时境内展开激战。英军的增援部队和各种补给品从海上源源不断地运往比利时的奥斯坦得港口。为了打击和切断英国的海上运输线，阻止英军部队的增援，鉴于当时英国水面舰艇占有绝对优势，德国海军决定派潜艇完成这一任务。

为了创造更多的歼敌机会，既要能够打击英军向奥斯坦得港航行的舰船，还要能够打击进出泰晤士河口和英吉利海峡的英国舰船，德军决定在奥斯坦得和马尔加特之间设置潜艇阵地。此时，“U-24”号、“U-8”号 2 艘潜艇早已出海，为了完成上述任务，德国又把“U-9”号潜艇派了过去。

“U-9”号潜艇由德国格但斯克皇家造船厂建造，1908 年 7 月 15 日开工，1910 年 2 月 22 日下水，1910 年 4 月 18 日服役，1918 年投降，1919 年解体，水上排水量 493 吨，下潜排水量 611 吨，艇长 57.3 米，艇宽 6 米，吃水 3.55 米，水上航速 8.1 节，水下航速 14.2 节，续航力 6216 海里 /14 节，艇员 29 人（军官 4 人），装有 4 具 450 毫米鱼雷发射管（备雷 24 枚）、1 门 50 毫米火炮、1 门 37 毫米火炮和 12 枚水雷。

9 月 20 日，“U-9”号潜艇占领了指定阵位。由于受暴风雨的影响，潜艇产生摇摆，

致使罗经指示的航向发生偏差。因此，潜艇所占领的阵位也是概略的。9月20日和9月21日，海面上狂风大作，巨浪滔天，“U-9”号潜艇一直躲在水下潜航。9月22日夜间1时，风暴停止，潜艇开始上浮，因为出现机械故障，潜艇准备返航，但是由于罗经误差，潜艇发生了偏航。

22日拂晓，“U-9”号潜艇浮出水面充电。6时左右，突然远方出现3艘军舰，“U-9”号迅速潜下水去。艇长奥托·韦迪根通过潜望镜很快认出了那是英国的老式装甲巡洋舰“霍格”号、“阿布基尔”号和“克雷西”号（排水量均1.2万吨），3艘军舰成一字横队，各舰之间保持2海里的间隔，以10节速度进行战斗巡航。

艇长奥托·韦迪根决定立即展开攻击，而且要把3艘巡洋舰全部干掉。7时20分，“U-9”号潜艇进入最佳攻击阵位，将第一个攻击目标瞄向了位于中间的“阿布基尔”号，一道火光从500米的距离上窜了出去，随着一声巨响，“阿布基尔”号舰体开始倾斜，舰上人员拼命地跳水逃生，25分钟后，“阿布基尔”号沉入海中。

发现“阿布基尔”号被鱼雷击中后，位于“阿布基尔”号东边的“霍格”号巡洋舰迅速驶向沉没地点，以便抢救落水人员。但当该舰刚放下跳板的时候，又有2枚鱼雷飞了过来，鱼雷命中后发生剧烈爆炸，不过10分钟的时间里，“霍格”号便沉了下去。

发现2艘巡洋舰相继沉没，位于西边的“克雷西”号才幡然醒悟，意识到事态的严重性，但是德国人的潜艇到底在哪里，“克雷西”号并不知情。为了保住性命，“克雷西”号放弃了前去搭救那两艘军舰的落水人员，转身就跑。

然而，正在兴头上的“U-9”号岂能放过这次机会。艇长奥托·韦迪根决定乘胜追击。8时20分，在1000米的距离上，“U-9”号再射2枚鱼雷。发现鱼雷来袭后，“克雷西”号赶紧采取规避动作，1枚鱼雷从舰艉下方滑了过去，可另1枚却没躲过，随着一声爆炸，“克雷西”号身负重伤，舰体发生倾斜。

听到爆炸声后，“U-9”号浮了上来，想一看究竟。看到“U-9”号浮出水面，“克雷西”号立即集中火炮开始射击，可惜炮弹全都打偏了。见此情景，“U-9”

号将仅剩的1枚鱼雷射了出去，鱼雷准确命中，15分钟后，“克雷西”号栽下水去。

在短短1小时的时间里，“U-9”号潜艇发射6枚鱼雷，击沉英国3艘万吨级巡洋舰，创造了潜艇战史的奇迹，对英国海上运输构成了极大威胁。“U-9”号返回德国后，受到了英雄般的隆重欢迎。

第七章 两栖战舰艇

一、两栖战舰艇概述

两栖战，又称登陆战。两栖战舰艇也称登陆作战舰艇，是专门用于登陆作战的舰艇的统称，英文名称为 Amphibious Warfare Ships，主要用于输送登陆兵、登陆工具、战斗车辆及其他武器装备和物资进行登陆作战。两栖战舰艇主要包括登陆舰、登陆艇、船坞登陆舰、武装运输舰、两栖货船、两栖攻击舰、两栖指挥舰和两栖火力支援舰等。

（一）两栖战舰艇的历史

第一次世界大战以前，登陆作战规模较小，登陆地点主要选择在敌方无防御设施的海岸或防御较为薄弱的海岸，世界各国均未建造专门的登陆舰艇，一般使用战斗舰艇和征用民船运送部队登陆。如古希腊、古罗马舰队在地中海沿岸进行登陆作战时，利用船上的舢舨和普通民船靠岸运送步兵上陆。

第一次世界大战爆发后，为了适应登陆作战的需要，部分国家开始研制具有运送人员和装备上岸作战功能的舰船。1916 年，俄国黑海舰队使用一种称为“埃尔皮迪福尔”号的平底货船，被认为是现代登陆舰的前身。该船吃水不大，排水量 1000 ~ 1300 吨，适合抵滩、登陆。

第一次世界大战期间，虽然进行了数十次登陆作战，但许多登陆作战以失败而告终，特别是 1915 年达达尼尔海峡登陆作战的失败，令有些国家一度对登陆作战丧失了信心。但由此也使人们开始认识到利用战斗舰艇运送部队实施登陆是不可取的。这是因为作战舰艇无法携带足够的小艇，也没有足够的空间装载部队，于是提出了建造专门的登陆舰艇。

第一次世界大战后期，英、美等国改装和建造了一批早期登陆艇。这些艇大小不等，排水量 10 ~ 500 吨，航速不超过 10 节 / 小时，续航力 100 ~ 500 海里，艇上装有机枪或小口径舰炮，艇首开有舱门，便于人员和车辆下船登陆。

但是，第一次世界大战以后，各国海军在大炮巨舰的海战思想指导下，

均把重点放在战列舰、巡洋舰等大型作战舰艇的发展上，并认为在严密设防的敌岸进行登陆战是不行的，所以到第二次世界大战爆发之前，专用登陆舰艇并没有得到较大的发展。

第二次世界大战期间，两栖舰艇得到了迅速发展。最初，英国通过在油船上加装艏门和滑道，将 3 艘中型油船改装为坦克登陆舰，可谓是最早的坦克登陆舰，这 3 艘坦克登陆舰于 1942 年在阿尔及尼亚战场首次投入使用。

为了适应大规模登陆作战的要求，美英两国加快了坦克登陆舰的建造速度。1942 年 6 月 10 日，美国第一级坦克登陆舰（LST1）在弗吉尼亚州纽波特纽斯市的造船厂开工建造，同年 10 月，第一批坦克登陆舰下水，1942 年年底即有 23 艘装备部队。该级舰全长 99.97 米，舰宽 15.24 米，最小吃水 1.16 米，标准排水量 2197 吨，满载排水量 3960 吨，载重量 2100 吨。1943 年，该级舰每艘建造周期缩减至 4 个月，到二战末期缩减到 2 个月。二战期间，该级舰共建造 1000 多艘。

为了运送更多的登陆兵上陆，减少登陆舰艇直接靠岸遭敌火力打击的风险，一种可携带小艇的船坞式登陆舰开始问世。这种登陆舰内有 1 个或 2 个巨大的坞室，在舰艉或舰艏装有 1 个活动水闸，水闸打开后，舰艉或舰艏部分便沉入海水中，搭载登陆兵的登陆艇便可以从坞室直接驶出，向岸滩发起冲击。

20 世纪 50 年代，为了适应“垂直包围”登陆作战理论的要求，美军开始建造具有飞行甲板的两栖攻击舰，这样登陆兵就可以乘坐直升机，飞越敌方滩头防御阵地，从后侧对敌发起攻击。1959 年 4 月，世界上第一艘两栖攻击舰“硫磺岛”号开始建造，1961 年 8 月正式服役。20 世纪 60 年代，美国先后将 7 艘老式的航空母舰改装为两栖攻击舰。

20 世纪 60 年代，两栖攻击指挥舰和气垫登陆艇开始问世。20 世纪 70 年代初，美国又开始建造一种更为先进的通用两栖攻击舰。该舰集两栖攻击舰和运输船于一身，舰上既有飞行甲板，还有坞室和货舱，1 艘通用两栖攻击舰可相当于 5 艘坞式登陆舰、两栖攻击舰和两栖运输船只。1971 年 1 月，世界上第一艘通用两栖攻击舰“塔拉瓦”号开始动工，1973 年 12 月下水，1976 年 5 月服役。20 世纪 80 年代中期，美国又开始建造更大的“黄蜂”号通用两栖攻击舰。

美国“新港”级坦克登陆舰

（二）两栖战舰艇的分类

1. 人员登陆舰艇，主要用来运送登陆部队，排水量几十吨的称为人员登陆艇，排水量数百吨的称为人员登陆舰。目前，大多数人员登陆舰艇的排水量为 250 ~ 750 吨，航速 12 ~ 15 节，可装载 1 个步兵连或 1 个步兵营，舰上装备高射炮和机枪，部分舰艇还可以搭载少量坦克。

2. 坦克登陆舰，主要用来运送坦克，有大型和中型两种，航速 12 ~ 20 节，装有火炮。其中，大型坦克登陆舰排水量 2000 ~ 10000 吨，续航力 3000 海里以上，可搭载 10 ~ 20 辆坦克以及数百名登陆兵。中型坦克登陆舰满载排水量 600 ~ 1000 吨，续航力 1000 海里以上，可搭载少量坦克和 200 名左右的登陆兵。

3. 船坞登陆舰，也称坞式登陆运输舰，排水量 5000 ~ 15000 吨，可携带数艘大型登陆艇或 10 ~ 20 艘中型登陆艇，或 40 ~ 50 辆两栖车辆，甚至还可以搭载直升机，载重量在 1500 ~ 2000 吨左右。

4. 两栖战运输舰，主要包括两栖攻击舰和两栖通用攻击舰。其中，两栖攻击舰也称两栖攻击直升机母舰、直升机登陆运输舰、直升机母舰，排水量 1 万吨以上，可运载 20 余架直升机或短距垂直起降战斗机，主要用于垂直登陆。两栖通用攻击舰比两栖攻击舰功能更为强大，既可以用于运送登陆兵垂直登陆，还可以运送登陆艇实施水际登陆。

5. 两栖战指挥舰，是专门担负两栖战指挥任务的两栖舰艇，舰上装备大量的电子观察通信设备和战术数据处理系统，排水量与两栖攻击舰相近，航速 20 节左右，舰上可搭载数架直升机和数艘登陆艇。

（三）两栖战舰艇的特点

一是火力弱。两栖战舰艇主要用于人员、装备和物资的输送，一般都只装有少量的对空、对舰武器系统用于自身防卫，其火力明显弱于其他类型的作战舰艇。

二是船型宽。为了提高装载能力，两栖战舰艇的舰型比较接近商船，舰艏宽大，整体形状呈方形，特别是坦克登陆舰，外形更方。而作战舰艇为了提高航速通常舰型较为细长。

三是速度慢。目前，作战舰艇的速度都在 25 ~ 30 节以上，但两栖战舰（除气垫登陆艇）的航速一般都低于 25 节，就算是航速较快的“塔拉瓦”级两栖攻击舰也只有 24 节，速度明显低于作战舰艇。

（四）两栖战舰艇的未来

一是具备多种作战效能。为了满足快节奏的两栖作战需要，要求两栖战舰不仅能够运送登陆兵和登陆装备，还要具有一定的防空、反舰反潜特别是对地火力攻击能力，以便为登陆部队提供直接火力支援。

二是不断简化舰艇种类。目前，两栖战舰艇种类较多，特别是有一些舰艇任务较为单一，随着部分两栖战舰艇的退役以及新型舰艇的研制与生产，新型舰艇将兼具人员、装备、物资运输等功能于一身，其种类将不断减少。

三是不断提高航速。由于构造和动力等方面的原因，两栖战舰航速较慢，限制了两栖作战的快速反应能力，增大了航渡中遭敌打击的危险，加大了人员的体力消耗。将来，两栖战舰将继续朝着高航速、气垫化的方向发展。

二、经典两栖战舰艇

（一）美国“硫磺岛”级两栖攻击舰

“硫磺岛”级是美国第二次世界大战以后建造的第一代两栖攻击舰，也是世界上第一种直升机母舰。该级舰最初定位为直升机反潜护航航空母舰，后来经过局部改动，成为两栖攻击舰。该级舰利用舰载直升机运送登陆兵实施两栖作战，利用直升机和 AV-8B“海鹞”式垂直/短距起降飞机对两栖登陆作战部队实施空中掩护，并对岸上目标实施火力打击。

该级舰共有 7 艘，分别是“硫磺岛”（LPH-2）、“冲绳”（LPH-3）、“瓜达尔卡纳尔”（LPH-7）、“关岛”（LPH-9）、“的黎波里”（LPH-10）、

美国“硫磺岛”级两栖攻击舰“硫磺岛”号

主要参数			
标准排水量	11000 吨	最大航速	22 节
满载排水量	18474 吨	编制人数	667 人
舰　　长	180 米	续 航 力	6000 海里 /18 节
舰　　宽	26 米	主要武器	2 座 8 联装“海麻雀”防空导弹发射装置，2 座 6 管 20 毫米“密集阵”近程防御武器系统，3 座双联装 76 毫米舰炮
吃　　水	8.2 米		

“新奥尔良”（LPH-11）、“仁川”（LPH-12）号。首舰“硫磺岛”号，由普吉特海峡海军船厂建造，1959 年 4 月 2 日开工，1960 年 9 月 17 日下水，1961 年 8 月 26 日服役，1993 年 7 月 14 日退役。最后一艘舰“仁川”号，由英格尔斯造船厂建造，1968 年 4 月 8 日开工，1969 年 5 月 24 日下水，1970 年 6 月 20 日服役，2002 年 6 月 20 日退役。

该级舰采用第二次世界大战期间护航航母舰型，舰体与商船船体相似，岛式上层建筑位于右舷中部；舰上有 2 部舷侧升降机；飞行甲板有 7 个直升机起降区，可同时起降 7 架 CH-46 中型直升机或 4 架 CH-53 大型直升机，也可供 AV-8B“海鹞”式垂直 / 短距起降飞机起降；机库长 70 米，高 6.1 米，可容纳 20 多架 CH-46 或 11 架 CH-53 直升机；机库前部为飞机修理间，后部为 900 平方米的登陆车辆停放场；舰上未配备登陆艇，登陆兵需沿舷梯走到停靠在舰旁的驳船进行换乘，尔后发起攻击。

该级舰装有 1 部 AN/SPS-58 型三坐标对空搜索雷达，1 部 AN/SPS- 40 型对空搜索雷达，1 部 AN/SPS-10 型对海搜索雷达，1 部 LN66 型导航雷达，1 部卫星通信接收机，4 部无线电收发报机，1 套 SLQ-32（V）3 型电子战系统。装备有 2 座 8 联装“海麻雀”防空导弹发射装置、2 座 6 管 20 毫米“密集阵”近程防御武器系统、3 座双联装 76 毫米舰炮。

（二）美国“塔拉瓦”级通用两栖攻击舰

“塔拉瓦”级是美国20世纪70年代建造的通用两栖攻击舰，也是世界上第一艘通用两栖攻击舰。该级舰由美国英格尔斯船厂建造，兼具直升机攻击舰、两栖船坞运输舰、登陆物资运输舰和两栖指挥舰等功能，集对空导弹、机载空舰导弹、火炮和近防武器系统于一身，既可以用于快速运输登陆部队登陆，也可以作为攻击舰实施攻击，还可以作为两栖指挥舰指挥陆、海、空三军协同作战，以及作为登陆区域的医院船。

该级舰计划建造9艘，实际建造5艘，分别是“塔拉瓦”“塞班”“贝劳伍德”“拿骚”“佩莱利乌”号，舷号依次为LHA1 ~ LHA5。其中，首舰“塔拉瓦”号，1971年11月15日开工，1973年12月1日下水，1976年5月29日服役，2009年3月31日退役。

2号舰“塞班”号，1972年7月21日开工，1974年7月18日下水，1977年10月15日服役，2007年4月25日服役。3号舰“贝劳伍德”号，1973年3月5日开工，1977年4月11日下水，1978年9月23日服役，2005年10月28日退役，2006年7月13日作为靶舰被击沉。

4号舰“拿骚”号，1973年3月5日开工，1978年1月21日下水，1979年7月28日服役，2011年3月31日退役，现处于封存状态。5号舰“佩莱利乌”号，1976年11月12日开工，1978年11月25日下水，1980年5月3日服役，现仍在服役。

该级舰采用直通飞行甲板，甲板上设有9个起降点供直升机起降；舰体左舷和舰艉各有1部升降机；甲板下方为机库，机库长约65米、宽30米、高约8.5米，可容纳19架CH-53D“海上种马”大型直升机或26架CH-46“海骑士”中型直升机，也可根据需要将部分直升机换为AV-8B“鹞”式垂直/短距起降飞机。

直升机库下方有一个长81.6米、宽23.8米、三层甲板高的巨大船坞，可容纳4艘41米长的登陆艇。舰上共有两层车辆甲板，面积3135平方米，可搭载45辆两栖车辆，其中一层为主车辆甲板，用于装载坦克、装甲车等重型车辆；另一层为副车辆甲板，用于装载吉普车等轻型车辆。两个车辆甲板可通往船坞，利用登陆艇输送登陆；也可通往机库甲板，利用直升机实施空中投送。

该级舰可搭载海军陆战队1个加强营的兵力及其装备。舰艏部飞行甲板下方设有一个适应性训练的大舱室，面积450平方米，可通过人工控制室内温度模拟登陆区的气候条件，是海军陆战队员登陆作战进行临战训练的重要场所。

该级舰最初装备有2座8联装“海麻雀”导弹发射装置，2门127毫米舰炮；后来，换装为2座“标准”Block 1导弹，6门25毫米机关炮，8挺12.7毫米机枪。此外，舰上还装有许多先进的电子设备，主要包括塔康战术导航雷达、空中管制雷达、战术指挥控制系统、卫星通信系统、对空雷达、对海雷达、导弹火控系统、炮瞄系统、电子战系统、箔条干扰火箭发射器材等。

美国“塔拉瓦”级通用两栖攻击舰“塞班”号

主要参数	
标准排水量	25982 吨
满载排水量	39967 吨
舰　　长	254 米
舰　　宽	40.2 米
吃　　水	7.9 米
最大航速	24 节
编制人数	1703 人
续 航 力	10000 海里 /20 节
主要武器	2 座“标准”Block 1 导弹，6 门 25 毫米机关炮，8 挺 12.7 毫米机枪
舰 载 机	6 架 AV-8B“海鹞”式垂直起降战斗机，4 架 AH-W“眼镜蛇”直升机，12 架 CH-46 直升机，9 架 CH-53 直升机，4 架 UN-1N 直升机

（三）美国“黄蜂”级两栖攻击舰

“黄蜂”级是在“塔拉瓦”级基础上发展而来的一种多用途两栖攻击舰，由美国英格尔斯船厂建造，用于取代20世纪90年代退役的“硫磺岛”级两栖攻击舰，是美国21世纪初的主要两栖战舰。

该级舰计划建造12艘，现建造8艘，分别是“黄蜂”“埃塞克斯”“奇尔沙治”“拳师”“巴丹”“理查德”“硫磺岛”“马金岛”号，舷号依次为LHD1～LHD8。首舰“黄蜂”号，1985年5月30日开工，1987年8月4日下水，1989年7月29日服役；8号舰“马金岛”号，2004年2月14日开工，2006年1月20日下水，2009年10月24日服役。其中，1、3、5、7号舰隶属于大西洋舰队，2、4、6、8号舰隶属于大西洋舰队，2号舰“埃塞克斯”号母港为日本佐世保。

该级舰是目前世界上最大的两栖舰船，其总体设计与“塔拉瓦”级基本相似，但上层建筑高度有所降低，机库和坞舱容量有所增大，三防能力和医护能力有所增强，并增设有维修设施。舰上装有6部货物升降机，货舱和坞内有9台顶置式单轨式吊车；飞行甲板可停放9架直升机；飞行甲板下方机库面积1394平方米，约为舰长的1/3，可停放42架“海骑士”直升机；机库甲板下方尾部为坞舱，约占舰长的2/5，可容纳3艘LCAC气垫登陆艇；上下车辆甲板位于坞舱前面的一个三层甲板高的舱内；坞舱和下车辆甲板下面为弹药舱、货舱和储藏舱等。

该级舰可一次装运1894名海军陆战队员，12艘LCM6机械化登陆艇，或3艘LCAC气垫登陆艇，4艘LCPL大型人员登陆艇，包括5辆M1坦克、25辆装甲车、8门155毫米榴弹炮、68辆卡车、1辆运加油车、4辆铲车和2辆水中拖车，相当于1个加强两栖陆战营及全部装备。舰上装有三坐标对空搜索雷达、空中交通管理雷达、战术导航雷达、敌我识别雷达等。

该级舰搭配方式较为灵活，其标准配备6架AV-8B“海鹞”式战斗机、4架AH-1W“超级眼镜蛇”攻击直升机、12架CH-46“海骑士”直升机或4架V-22“鱼鹰”式倾转旋翼直升机、4架CH-53“海上种马”直升机、3～4架UH-1N“休伊”直升机；当执行两栖作战时，可搭载42架CH-46E“海骑士”直升机或22架以上V-22“鱼鹰”式倾转旋翼机；执行制海任务时，可搭载20架AV-8B“海鹞”式攻击机、6架SH-60F或HH-60H反潜直升机。此外，该级舰还可以搭载F-35舰载机，一旦F-35上舰后，其作战能力将大为增强。

美国“黄蜂”级两栖攻击舰“黄蜂”号

主要参数			
标准排水量	28233 吨	最大航速	22 节
满载排水量	41150 吨	编制人数	1208 人
舰　　长	253.2 米	续 航 力	9500 海里 /18 节
舰　　宽	31.8 米	主要武器	2 座 RIM-116 滚体导弹发射装置，2 座“海麻雀”导弹发射装置，3 座密集阵防御系统，3 ~ 4 座 25 毫米机关炮，4 挺 12.7 毫米机枪
吃　　水	8.1 米	舰 载 机	6 架 AV-8B“海鹞”式战斗机，4 架 AH-1W 攻击直升机，12 架 CH-46 直升机或 4 架 V-22 倾转旋翼直升机，4 架 CH-53“海上种马”直升机，3 ~ 4 架 UH-1N“休伊”直升机

（四）美国“蓝岭”级两栖指挥舰

“蓝岭”级两栖指挥舰是美国海军为了两栖作战需要而专门建造的指挥舰，也是世界上唯一的一级专用指挥舰，主要担负两栖作战中的海、空、陆综合指挥控制任务。该级舰的出现使美国海军第一次拥有了功能齐全、性能先进的大型海上指控中心，从而在技术上彻底解决了大规模海上联合作战的指挥问题。

“蓝岭”级两栖指挥舰共有 2 艘，首舰“蓝岭”号，舷号 LCC-19，由费城船厂建造，1967 年 2 月 27 日开工，1969 年 1 月 4 日下水，1970 年 11 月 14 日服役，1979 年取代“俄克拉荷马”号成为美国第七舰队的旗舰，基地位于日本横须贺。2 号舰“惠特尼山”号，舷号 LCC-20，由纽波特纽斯船厂建造，1969 年 1 月 8 日开工，1970 年 1 月 8 日下水，1971 年 1 月 16 日服役，1981 年成为美国第二舰队旗舰，基地位于美国弗吉尼亚州诺福克。

该级舰从外形上看很像两栖攻击舰，其总体设计、动力布置和基本船型与“硫磺岛”级两栖攻击舰相似。

作为登陆作战的指挥中枢，该级舰装备有先进、完善的指挥控制系统，无线电台数量比航母等其他舰艇多一倍。舰内设有旗舰指挥室、直升机指示中心、战术空中指挥中心、联合情报中心、登陆部队指挥中心、战斗情报中心、水面和水下协调中心、报文中心等；拥有海军战术数据系统、海军情报处理系统、登陆指挥信息系统、数字传输与自动转换系统；装有 2 部对空搜索雷达、

1部三坐标雷达、2部对海搜索雷达、3部导航雷达等，以及敌我识别装置等。

为了保障舰上指挥员上岸的需要，该级舰携带有3艘人员登陆艇、2艘车辆人员登陆艇和1艘交通艇，舰艉设有1个直升机平台，未设直升机机库。该级舰自身火力很弱，只有2座“密集阵”近程防御武器系统，但在关键部位加装有“凯夫拉”反应装甲。1991年，“蓝岭”号参加了海湾战争；2004年2月24日，“蓝岭”号曾对上海进行了为期5天的访问。

主要参数			
标准排水量	16800吨	续航力	10000英里/16节
满载排水量	19609吨	编制人数	842人
舰长	194米	指挥人员	268人
舰宽	32.9米	主要武器	2座“密集阵”近防器系统
吃水	8.8米	舰载机	1架SH-3G反潜直升机
最大航速	23节		

美国“蓝岭”级两栖指挥舰“蓝岭”号

（五）美国“惠德贝岛”级船坞登陆舰

“惠德贝岛”级是美国海军20世纪70年代末期建造的一级船坞登陆舰，目的是为了取代20世纪50年代服役的“杜马斯顿”级船坞登陆舰，以适应当时研制的气垫登陆艇上舰的需要，其主要任务是为登陆作战运送和投入各种登陆艇（尤其是气垫登陆艇）及车辆，并为登陆艇提供维修服务。

该级舰共建造8艘，分别是“惠德贝岛”“日耳曼城”“麦克亨利堡”“冈斯顿厅”“康斯托克”“托尔图加”“拉什摩尔”“阿希兰”号，舷号依次为LSD 41 ~ LSD 48。首舰“惠德贝岛”号，1981年8月4日开工，1983年6月10日下水，1985年2月9日服役；8号舰“阿希兰”号，1988年4月4日开工，1989年11月11日下水，1992年5月9日服役。其中前3艘由洛克希德造船建筑公司建造，后5艘由阿冯达尔工业公司建造。

该级舰标准排水量11471吨，满载排水量16360吨，舰长190米，舰宽26米，吃水6.4米，装有4台柴油机，最大航速23节，续航力8000海里/18节，舰员403人，可运送504名登陆兵。该级舰可装载登陆部队、坦克、直升机或垂直短距起降飞机，飞行甲板可以同时起降2架CH-46直升机。

该级舰货舱容积约142立方米，车辆甲板面积约1161立方米，载重能力1000吨，可运送450名登陆兵，运载64辆履带式登陆车，或22辆M60坦克，或20辆M1坦克。该级舰拥有一个巨大的坞舱。坞舱长134米，约占舰全长的3/4，宽15米，可装载4艘LCAC气垫登陆艇，或21艘LCM型机械化登陆艇。其中，

LCAC 可装载 2 辆坦克或 10 辆装甲运兵车，LCM 则可装载 1 辆坦克或 60 吨物资。

该级舰装有 1 套 SL3（V）1 型电子战系统，以及对空搜索雷达、对海搜索雷达、“塔康”战术导航雷达、敌我识别器、诱饵发射装置等电子设备；装有 2 座拉姆舰对空导弹发射装置，2 座 MK-15 型 6 管 20 毫米“密集阵”近程武器系统，2 座 25 毫米机关炮，6 挺 7.62 毫米 M2 机枪。

主要参数			
标准排水量	11471 吨	最大航速	23 节
满载排水量	16360 吨	编制人数	403 人
舰　　长	190 米	续 航 力	8000 海里 /18 节
舰　　宽	26 米	舰 载 机	2 架 CH-46 直升机
吃　　水	6.4 米	主要武器	2 座 RIM66“拉姆”舰空导弹发射装置，2 座 MK-15 型 6 管 20 毫米“密集阵”近程武器系统，2 座 25 毫米机关炮，6 挺 7.62 毫米 M2 机枪

美国“惠德贝岛”级船坞登陆舰“麦克亨利堡”号

（六）美国“圣安东尼奥”级船坞运输舰

“圣安东尼奥”级是美国继“黄蜂”级多用途两栖攻击舰之后建造的新一代两栖船坞运输舰，由美国诺格集团建造。该级舰是美国“由海向陆”战略的产物，具有一舰多用的功能，正在逐步取代美国“奥斯汀”级船坞登陆舰、“特伦顿”级两栖运输舰、“安克雷奇级”坞式登陆舰和“新港”级登陆舰。

该级舰计划建造 12 艘，用以装备美军 12 个两栖舰队，舷号依次为 LPD 17 ~ LPD 28，现已建造完成 9 艘，另外 2 艘已开始建造。11 艘舰分别是“圣安东尼奥”“新奥尔良”“梅萨维德”“格林贝”“纽约”“圣地亚哥”“安克雷奇”“阿灵顿”“萨默塞特”“约翰·帕特里克·穆萨”“波特兰”号。首舰“圣安东尼奥”号，2003 年 7 月 12 日下水，2006 年 1 月 14 日服役；9 号舰“萨默塞特”号，2012 年 4 月 11 日下水，2014 年 3 月 1 日服役。

该级舰外形与传统的两栖舰有较大的区别，舰的侧面轮廓更类似首楼较长的护卫舰和驱逐舰，率先在两栖战舰艇上采用雷达隐身设计、复合材料技术、消磁和降噪技术，整舰外观光洁平滑，上层建筑低矮，侧壁向内倾斜，相交处采用圆弧过渡，整舰的雷达反射截面仅相当于 1000 吨以下的小型舰艇，具有良好的隐身性能。

该级舰以侧重运送车辆为主，车辆甲板共 3 层，面积 2360 平方米，可停放 14 辆 AAAV 两栖突击车，该车战斗全重 33.8 吨，乘员 3 名，可搭载 18 名全副武装的海军陆战队员，陆上最大时速 72 千米 / 小时，陆上最大行程 482 千米，水上最大时速 46 千米 / 小时，水上最大行程 120 千米，突击登陆部队可在离岸 40 千米或更远的舰船上下水实施超视距突击登陆。

该级舰舰艉飞行甲板可停放 2 架 CH-53 或 MV-22 重型直升机，或者 4 架 CH-46 或 UH-1 中 / 轻型直升机，必要时还可以降落 AV-8B 战斗机；舰内设有一个全通式泛水坞穴甲板，可停放 2 艘 LCAC 气垫登陆艇或 1 艘 LCU 通用登陆艇。此外，该级舰还可以充当医院船，舰上拥有 2 个手术室、2 个牙医诊疗室，24 张床位，共有医护人员 24 名。

该级舰是美国海军第一艘在全舰上装有光纤广域网的舰艇。该网络系统侦察探测系统、C^4I 作战指挥系统（C^4I 系统是指指挥、控制、通讯、电脑和情报的集成，以计算机为核心，综合运用各种信息技术，对军队和武器进行指挥与控制）、武器系统、动力轮机系统等连接在一起，1 个操控台可以担负起全舰的航行、轮机、装卸、战斗、损管维修等监控工作，不仅大大提高了作战反应速度，而且有利于减少舰上人员的数量和减轻人员的工作负荷。

该级舰装备有全球指挥控制系统、海军战术指挥支援系统、JITDS 联合战术信息系统（含 16 号数据链）、船舰自卫作战系统；装有 2 座 RIM-116 滚体导弹发射装置，2 座 8 联装 MK-41 垂直发射系统，2 门 30 毫米机关炮，数挺 M2 机枪。

美国“圣安东尼奥”级船坞运输舰“圣安东尼奥”号

主要参数	
满载排水量	24900 吨
舰长	208 米
舰宽	32 米
吃水	7 米
最大航速	22 节
编制人数	361 人
舰载机	2 架 CH-53 或 MV-22 重型直升机，或者 4 架 CH-46 或 UH-1 中 / 轻型直升机
主要武器	2 座 RIM-116 滚体导弹发射装置，2 座 8 联装 MK-41 型垂直发射系统，2 门 30 毫米机关炮，数挺 M2 机枪

（七）法国“闪电”级船坞登陆舰

“闪电”级船坞登陆舰由法国舰艇建造局（DCN）海军造船厂建造，法国称之为“平底驳船式登陆运输舰”，用于替换20世纪60年代建造的“暴风”级船坞登陆舰。该级舰在20世纪80年代法国组建快速反应部队的大背景下建造，主要用于运送步兵和装甲部队登陆，支援法军快速部署，以及担负对法国海军军事力量和人道主义任务的机动后勤支援。

该级舰计划建造3艘，现有2艘，隶属法国海军土伦基地地中海司令部。首舰“闪电”号，舷号L9011，1986年3月26日开工，1988年11月19日下水，1990年12月7日服役；2号舰“热风”号，舷号L9012，1995年

主要参数			
标准排水量	11300 吨	最大航速	21 节
满载排水量	12000 吨	编制人数	160 人
舰　　长	168 米	续 航 力	11000 海里 /15 节
舰　　宽	23.5 米	舰 载 机	4 架直升机
吃　　水	5.2 米	主要武器	3 座“西北风”防空导弹发射装置，3 座 30 毫米机关炮，4 挺 12.7 毫米 M2 重机枪

法国“闪电”级船坞登陆舰“闪电”号

10月9日开工，1996年12月14日下水，1998年12月21日服役。

与美国、英国、日本等国的船坞登陆舰相比较，“闪电”级的设计和总体布局别具一格。该级舰设首桥楼，首桥楼的后部设有1个固定式飞机库，可停放4架“超美洲豹”直升机或2架“超黄蜂”直升机。机库后面为直升机飞行甲板，面积约1450平方米，可停放3架“超美洲豹”或2架“超黄蜂”直升机。

直升机起降甲板后面是略低的车库顶甲板，面积约290平方米，可停放车辆和轻型坦克。车库顶甲板后端设有1部37吨起重机和1座52吨升降平台。在升降平台后面是由活动坞舱盖组成的一个临时直升机起降平台。在固定直升机起降甲板下方为车辆舱，面积约1360平方米。车辆库下方为1个长122米、宽13.5米、高7.7米的坞舱，面积约1740平方米。

该级舰可携带10艘中型登陆艇（LCM），或1艘机械化登陆艇（LSM）和4艘中型登陆艇（LCM）；也可搭载470名陆战队队员或2艘步兵与坦克登陆艇或1艘P400型巡逻艇，或6辆AMX30坦克，或其他车辆，总重量1810吨。作为医院船使用时，可提供500平方米的医院舱室，2个手术室和47个床位。

该级舰编制160人，自持力30天，可搭载450名登陆兵，短时间机动时可搭载900名，最大可搭载1600名。安装有法国舰艇建造局的SENIT-8战斗数据系统和1套OPSMER命令支援系统。装备有3座“西北风”防空导弹发射装置，射程4千米；3座30毫米机关炮；4挺12.7毫米M2HB重机枪。

（八）法国“西北风”级两栖攻击舰

“西北风”级两栖攻击舰是法国第二次世界大战后建造的第四代两栖战舰，由法国舰艇建造局海军造船厂建造，简称为“BPC”，即“海外干预”“两栖攻击”“作战指挥平台”的法语缩写。

该级舰共有3艘，基地均位于土伦。首舰“西北风”号，舷号L9013，2003年7月10日开工，2004年10月6日下水，2006年2月服役；2号舰“雷神”号，舷号L9014，2003年8月26日开工，2005年7月26日下水，2006年12月服役；3号舰“迪克斯莫德”号，舷号L9015，2009年4月18日开工，2010年9月17日下水，2012年12月27日服役。

该级舰飞行甲板面积5200平方米，设有6个直升机停机点，可以停放5架轻型直升机和1架重型直升机。飞行甲板下方直升机库面积1800平方米，可以停放16架重型直升机或35架轻型直升机。舰后部坞舱长57米，宽5.4米，可容纳4艘通用登陆艇或2艘LCAC气垫登陆艇。车辆库面积1000平方米，可装载60辆装甲车或12辆“勒克莱尔”坦克。医院设有69张床位。

舰上装备有导航雷达、对空/海警戒雷达、导弹和火炮火控系统、作战数据管理系统、指挥支援系统、卫星通信系统、11号和16号数据链、雷达告警装置、侦听测向系统等电子设备；装有2座“西北风”防空导弹发射装置、2门30毫米舰炮、4挺12.7毫米M2重机枪。

该级舰整体性能优秀、功能齐全，既可以遂行两栖作战任务，还可以承担联合作战指挥舰任务，以及担任各种支援任务，舰员 160 人，可运送 450 名登陆兵，最多可搭载 900 人。该级舰的问世大大提高了法国海军的两栖作战能力，并引起了世界各国的青睐。

2011 年，俄罗斯一改只卖不买的传统做法，决定向法国购买“西北风”级两栖攻击舰，其中“符拉迪沃斯托克”号于 2013 年 2 月 1 日开工，2013 年 10 月 15 日下水，预计 2014 年 11 月服役；“塞瓦斯托波尔”号于 2013 年 6 月 18 日开工，预计 2014 年 10 月下水，2015 年服役。

主要参数	
标准排水量	16500 吨
满载排水量	21300 吨
舰长	199 米
舰宽	32 米
吃水	6.3 米
最大航速	18.8 节
编制人数	160 人
续航力	5800 海里 /18 节
舰载机	16 架重型直升机或 35 架轻型直升机
主要武器	2 座“西北风”防空导弹发射装置，4 挺 12.7 毫米 M2 重机枪

法国“西北风”级两栖攻击舰“西北风”号

（九）英国“海洋”级两栖攻击舰

“海洋”级是英国20世纪90年代建造的两栖攻击舰，也称为“海洋”级直升机母舰。该级舰仅建造1艘，名为“海洋”号，由英国维克斯造船工程有限公司设计建造，1998年5月23日开工，2001年3月9日下水，2003年6月19日服役。主要担负两栖作战、作为指挥舰指挥海上编队遂行对空、对海作战，以及实施海外军事干预和非战争军事行动任务等。

该级舰以英国“无敌”级轻型航空母舰为蓝本。上层建筑位于舰艇右舷中部，呈长条形，长度约为舰长的一半，上层建筑设有驾驶室、飞行指挥室和雷达操纵室等；主桅杆上装有对空、对海搜索雷达，飞行控制雷达，卫星通信系统等电子设备；采用全通式飞行甲板，甲板长170米，宽32.6米，共有6个飞行起降点；2部飞机升降机位于甲板中央，与飞行甲板下方的机库相连，用于飞机上下升降。

该级舰飞行甲板可搭载18架直升机，飞行甲板下的机库可容纳12架飞机，机型主要有“海王”直升机、EH-101多用途直升机、“山猫”直升机、“支奴干”直升机等，必要时还可换载数目不等的“海鹞”垂直/短距起降战斗机，最多可搭载20架。该级舰舰内空间巨大，可搭载1个加强营的兵力，包括480名海军陆战队员及其武器装备和补给品；使用简易居住舱室时，最多可搭载800人。

该级舰携带有4艘车辆人员登陆艇、2艘气垫登陆艇和40辆装甲车辆。

舰上装有 1 部对空 / 对海三坐标搜索雷达，2 部对海搜索 / 飞机导航雷达，1 套电子侦察设备，1 套干扰设备和 8 座 130 毫米或 120 毫米“海蚊”诱饵发射装置；设有 1 个指挥控制中心，配备有作战数据自动处理系统、卫星通信系统和默林计算机链路等设备，集作战指挥和武器控制于一体。3 座“密集阵”20 毫米近程防御武器系统。

为了减少建造成本，该级舰除飞行甲板、水密舱室、消防系统等关键部位采用军用标准设计建造外，其余部位基本按商船标准建造。虽然这种方法可以大大降低舰艇的建造难度，减少舰艇的造价，但舰艇的生命力在未来实战中能否经得起考验还有待观察。

英国“海洋”号两栖攻击舰

主要参数			
满载排水量	19560 吨	编制人数	325 人
舰长	176 米	续航力	7000 海里 /15 节
舰宽	28.9 米	舰载机	18 ~ 30 架直升机
吃水	7.1 米	主要武器	4 座双联装“厄利孔”30 毫米机关炮，4 挺机枪
最大航速	18 节		

（十）日本“大隅”级登陆舰

“大隅”级登陆舰是日本倾力打造的新一代主力两栖战舰。该级舰按两栖攻击舰设计和建造，舰上留有较大的改装余地，车辆甲板可以改装为机库，飞行甲板首端可以加装滑跃式起飞甲板，可以搭载直升机和垂直短距起降飞机。该级舰不仅能够利用气垫登陆艇实施平面抢滩登陆，还可以利用舰载直升机实施立体垂直登陆，以及担负制海和反潜任务。

该级舰计划建造 5 艘，现有 3 艘，分别是“大隅”“下北”“国东”号，舷号依次为 LST-4001、LST-4002、LST-4003，编入护卫舰队第 1 输送队，母港为吴基地。首舰“大隅”号，由日本三井造船公司玉野事业所建造，1995 年 12 月 6 日开工，1996 年 11 月 18 日下水，1998 年 3 月 11 日服役；2 号舰“下北”号，由三井造船公司玉野事业所建造，1999 年 11 月 30 日开工，2000 年 11 月 29 日下水，2002 年 3 月 12 日服役；3 号舰“国东”号，由日立造船舞鹤工场建造，2000 年 9 月 7 日开工，2001 年 12 月 13 日下水，2003 年 2 月 26 日服役。

“大隅”级登陆舰采用防雷达隐身设计，主舰体的横断面呈“V”字形，舰艏前倾角度较大，两舷向外倾斜，上层建筑向内倾斜，舰桥、桅杆、烟囱等集中在舰体中央右舷一侧，呈倒“V”字形岛型结构，可有效降低军舰的雷达反射波强度。

该级舰采用全通式飞行甲板，岛式上层建筑。飞行甲板长 130 米，宽

23 米，可搭载 CH–47 型重型直升机、车辆和其他登陆装备。在飞行甲板前部和岛式上层建筑后部各有 1 台大型升降机，与舰内的车辆甲板舱相通。飞行甲板下方共有 3 层，第一层为舰员生活舱室，包括人员居住舱、餐厅、仓库等。第二层为车辆舱和坞舱，首尾相通，前部和中部是坦克舱；后部是坞舱，坞舱长 50 米，宽 15 米，可容纳 2 艘美制 LCAC 级气垫登陆艇，坦克可以直接在甲板内驶入登陆艇。第三层为设备舱，主要有机舱、燃油舱、泵舱和压载水舱等。舰上没有设机库，车辆甲板可以改装为机库，存放 6 ~ 8 架直升机。

该级舰装备有 1 部 OPS–14C 对空搜索雷达、1 部 OPS–28D 对海搜索雷达、1 部 OPS–20 导航雷达。舰艏和舰艉各装备有 1 座“密集阵”近程防御武器系统，系统作战反应时间小于 4 秒，配有 MK–140 型脱壳贫铀穿甲弹，射速 3000 发 / 分，备弹 1000 发，有效射程 460 ~ 1850 米，采用搜索和火控雷达以及脉冲多普勒跟踪雷达搜索与跟踪，反导和防空能力极强，并可对海上目标进行攻击。

主要参数	
标准排水量	8900 吨
满载排水量	14000 吨
舰　　长	178 米
舰　　宽	25.8 米
吃　　水	6.0 米
最大航速	22 节
编制人数	135 人
舰 载 机	6~8 架直升机
主要武器	2 挺 12.7 毫米机枪，2 座 20 毫米“密集阵”近防武器系统

日本“大隅”级登陆舰“大隅”号

三、两栖战舰艇背后的故事

马岛之战

马岛，是马尔维纳斯群岛的简称，也称富克兰群岛。该岛位于南纬 52° 15′ ~ 53° 00′，西经 57° 40′ ~ 62° 00′，距阿根廷 510 千米，距英国 13000 千米。该群岛由 346 个岛屿组成，总面积 15800 平方千米，首府斯坦利港（阿根廷港）。

马岛地处南大西洋和南太平洋的航道要冲，是通往南极的大门和前进基地，战略地位十分重要。这里气候严寒，人烟稀少，但地上、地下和水下资源丰富，海底蕴藏丰富的石油资源。在岛屿主权上，阿根廷和英国双方长期以来一直存在着争议。

1982 年 4 月 2 日，阿根廷出兵占领斯坦利港后，英国立即进行了回应。4 月 5 日上午，英军特遣舰队的主要舰船“竞技神”号、“无敌”号航空母舰和其他 6 艘军舰从朴利茅斯港起航，满载武器装备和补给品作为先头部队驶向马岛。随后，“杰拉思特爵士”号登陆舰在普利茅斯港装载英海军陆战队第 40 和第 42 突击营（共 1500 人）及重型装备起航。

4 月 6 日清晨，“无畏”号两栖突击舰从朴利茅斯港起航。4 月 7 日，运兵船“堪培拉”号在南安普敦装载伞兵团第 3 营、海军陆战队第 45 营共 2000 人和物资装备起航。“安尔克”滚装货船在其他舰艇护航下，在南安普敦装载 1 个近卫骑兵团、重型架桥设备、“蝎子”式和“大弯刀”式轻型坦克起航。其他一些舰船陆续由直布罗陀港起航，与特混舰队在海上会合。

5 月 19 日，登陆输送队在驱逐舰和护卫舰的掩护下进入距马岛东北约 200 海里的海区待机，5 月 20 日下午，奉命由待机地域向登陆地域进发。

为了夺回马岛的控制权，英军按计划分两部分行动。首先由舰艇实施佯动，尔后由陆战队实施登陆。

5 月 20 日晚，担负佯攻任务的部队由特遣舰队的旗舰航空母舰“竞技神”号和另一艘航空母舰“无敌”号率领，在数艘驱逐舰和护卫舰的护卫下，由斯坦利港

东侧往马岛以南行驶，不断向南部沿海阿军据点炮击，并派遣小分队在狐狸湾、古斯格林和达尔文等地袭击，造成阿军认为英军将在南部登陆的错觉。

与此同时，登陆部队则向佯攻舰队相反的北部圣卡洛斯港集中，并做了登陆前的军需物资准备。5月21日3时40分，陆战队第3突击旅（2营、3营）及伞兵团（2营、3营）从16艘登陆舰艇（包括2艘“无畏”级攻击舰）出发，在黑夜中悄悄登陆圣卡洛斯港。登陆部队约2500人未遭抵抗，就顺利在4个登陆点登陆，前后共只用了4小时。

英军攻击舰撤出海滩后，其他舰上大炮立即向圣卡洛斯港高地的阿军阵地开火，地面部队也向驻军发动进攻。在大量登陆英军的攻击下，阿军只做出了轻微抵抗，便有9人被俘，其余40人在黑夜中逃生。随即，英军迅速而又顺利地解决了登陆场的阿军地面部队。

黎明时，英军已建立了25平方千米的登陆场。5月21日晨，各舰船已基本卸载完毕，登陆兵力已增至4500 ~ 5000人，物资达3.2万吨。

英军在圣卡洛斯港登陆后，阿空军和海军航空兵从陆上机场出动，对登陆地区附近的英舰进行了连续猛烈的袭击，先后击沉英护卫舰“热心”号、“羚羊”号、驱逐舰“考文垂”号和集装箱船“大西洋运送者”号。

5月26日，陆上战斗全面开花。登陆英军兵分两路，发动钳形攻势，分进合击，向斯坦利港推进。6月1日，两路英军在斯坦利港会合。后续部队英陆军第5步兵旅350余人在6月8日乘登陆舰在菲茨伊湾东北布拉夫湾登陆，大大增强了陆上英军力量。

阿军发现英军在布拉夫湾集结了大量登陆舰船作第二次登陆时，立即派来大批飞机轰炸，这样又展开了一场激烈的、持续两天的空海战斗。6月8日，阿炸沉英登陆舰“加拉哈德爵士”号，英军死亡50人；炸伤登陆舰“特里斯特拉姆”号（后放弃）和护卫舰“普利茅斯”号。在这场战斗中，英军被炸死50人，伤130人，占战争全过程中英军伤亡总数的20%。

6 月 12 日，阿军用从舰上拆下来装在岸上发射的“飞鱼”导弹击伤英驱逐舰“格拉摩根”号，导弹命中舰后部，爆炸起火，死亡 13 人，舰上直升机机库受毁。

6 月 11 日 ~12 日，英军以密集轰炸和炮火摧毁了阿军阵地，攻占了两姐妹山、浪顿山和哈里埃特山后，阿守军主力损伤过半，元气大伤。

6 月 13 日半夜， 英军 3000 人沿着侦察部队用箭头指示的安全路线顺利地通过了阿军设置的地雷区，向斯坦利港发起总攻。

6 月 14 日黎明，英军占领了斯港南部的汤勃顿山、威廉士山和西北方向上的无名高地，至此，阿军在肯特山、两姐妹山、浪顿山、哈里埃特山、汤勃顿山、威廉士山和无名高地一带筑起的“加尔铁里”防线全部被攻破。阿军被迫放下武器，停止抵抗。

第八章　水雷战舰艇

一、水雷战舰艇概述

水雷战舰艇是以布放水雷或探测、扫除水雷为主要任务的一种舰艇，是布雷舰艇和反水雷舰艇的统称。其中，布雷舰艇是用于基地、港口附近、航道、近岸海区以及江河湖泊布设水雷障碍的军舰，英文名称为 Minelayer；反水雷舰艇通常称为扫/猎雷舰艇，是专门用于搜索和排除水雷的舰艇，主要担负开辟航道、登陆作战前扫雷以及巡逻、警戒、护航等任务，英文名称为 Minesweeper。

从外形来看，水雷战舰艇与其他水面舰艇类似，由艇艏、艇艉、舰体组成，有桅杆、上层建筑、各类舱室、雷达和武器等。此外，还有用于布雷、扫雷用的吊塔、水雷轨、扫/猎雷具、声纳等专用设备。

（一）水雷战舰艇的历史

说到水雷战舰艇不得不先提一下水雷。水雷实际上就是水中的地雷，具有价格低廉、威力巨大、布放简便、发现和扫除困难等特点，对于封锁港口、海上交通线、抗敌登陆具有重要的作用，即使是大型军舰包括航空母舰在内对其也是惧怕三分。

从作用原理上看，水雷最早出现于中国明朝的嘉靖年间。当时，为了对付倭寇的入侵，人们将火药装在木箱内，并用油灰粘缝，制成各种各样的水上“地雷”。据史料记载，1590 年，中国发明了一种以燃香为定时引信的漂雷，称之为“水底龙王炮”。1599 年，中国又发明了以绳索为碰线的“水底鸣雷”；1621 年将其改进为触线漂雷。

18 世纪，欧美等国家开始在实战中使用水雷。1778 年 1 月 7 日，为了攻击停泊在费城特拉瓦河口的英国军舰，北美人民将火药和机械撞击引信装在小啤酒桶里，水雷顺流而下，当时虽然没有撞上军舰，但被英军水兵捞起时突然爆炸，炸死炸伤了一些人。

第一次世界大战期间，参战双方共布设各型水雷 31 万枚，共击沉水面舰艇 148 艘，击沉潜艇 54 艘，击沉商船 586 艘。第二次世界大战期间，各交战国共布设水雷 110 万枚，炸沉舰船 3700 余艘。二战以后的局部战争和军事冲突中，有大量的水雷被投放在战场上。

由于水雷在海战中具有非常重要的作用，于是许多国家开始了布雷舰船和扫雷舰船的研制和生产。1892 年，世界上最早的布雷舰艇“布格河”和“多瑙河”号在俄国诞生。此后，英、法、日等国先后也建造和改装一批布雷艇。日俄战争（1904 年 ~1905 年）期间，交战双方都派出布雷舰艇在中国旅顺口外进行水雷战。

第一次世界大战中，出现有巡洋布雷舰、驱逐布雷舰、高速布雷舰、舰队布雷舰、近海布雷舰和布雷艇等。第二次世界大战中，布雷舰艇又得到进一步发展，交战各国共装备有布雷舰 59 艘（不含苏联），苏联、德国等国还专门建造了布雷潜艇。

第二次世界大战后，由于航空兵和战斗舰艇的发展，使用布雷舰艇到敌方基地、港口进行攻势布雷变得越来越困难，一些国家海军开始转向使用潜艇和飞机进行攻势布雷，在其他水面舰艇上也增加有布雷功能，基本上不再建造专用布雷舰艇。部分国家建造的布雷舰艇大多兼具布雷和扫雷两种功能。

1910—1912 年，俄国最先设计建造出专门的扫雷舰艇。由于早期的水雷主要是锚雷，舰艇拖着装有切割刀的扫雷具前进时，只要将锚雷的雷索切断，锚雷就浮出水面，然后予以销毁。但是，最初的扫雷舰由于航速较低、续航力较小、扫雷方式单一，扫雷效率较低，危险性较大，而且扫雷的效果也并不明显，所以，在第一次世界大战前，只有俄国和英国拥有少量专门建造和改装的扫雷舰。

第一次世界大战爆发后，德国人首先违反海牙会议关于禁止在敌对双方领海之外布雷的决定，将水雷布设到英国、波罗的海、黑海附近海域，一场布雷与扫雷之间的较量随即展开。为了排除水雷隐患，各国开始建造和改装大批扫雷舰艇，其规模达到了 3000 艘左右。

第二次世界大战期间，为了应对磁性水雷、音响水雷、水压水雷等新式水雷的威胁，扫雷舰艇上出现了电磁扫雷具、音响扫雷具以及能同时扫除磁性水雷和音响水雷的联合扫雷具，扫雷效率得到了进一步提高。

由于扫雷具比较笨重，展开时人员体力消耗大，扫雷持续时间长，作业风险较大，20 世纪 50 年代以后，猎雷舰开始走上历史舞台。猎雷舰船体一般采用玻璃钢或木质结构，装备有导航定位系统、探雷声纳、电视摄像系统以及遥控灭雷具、可变螺距桨操舵系统等，安全性、有效性比扫雷舰更加可

瑞典“艾尔夫斯堡”级布雷舰

靠。猎雷作业时，猎雷舰首先使用猎雷声纳进行搜索，当发现水雷后，使用灭雷具接近水雷，投放灭雷炸药包，待灭雷具撤出后，遥控起爆炸药包，将水雷炸毁。

（二）水雷战舰艇的分类

1. 布雷舰，主要包括远海布雷舰和近海布雷舰。其中，远海布雷舰排水量 4000 ~ 8000 吨，携带水雷 500 ~ 800 枚，航速 20 节左右，续航力 8000 海里以上。近海布雷舰排水量 500 ~ 3000 吨，携带水雷 100 ~ 500 枚，航速 10 ~ 18 节。专用布雷舰上设有起重机、升降机；水雷内有雷架、固定装置、温湿度调节装置和防火防爆器材。由于布雷设备并不复杂，多数水面舰艇都能携带水雷，必要时都可担任布雷任务，甚至有些民用船经过简单改装也可执行布雷任务。

2. 反水雷舰艇，主要包括扫雷舰艇、猎雷舰艇。其中，猎雷舰艇的排水量不大，一般为 500 ~ 600 吨，主要担负探雷和灭雷两大任务。按级别不同，扫雷舰艇还可分为扫雷母舰、舰队扫雷舰、基地扫雷舰、港湾扫雷舰。

扫雷母舰排水量数千吨，包括扫雷供应母舰、舰载扫雷艇母舰和扫雷直升机母舰；舰队扫雷舰，也称大型扫雷舰或远洋扫雷舰，排水量 600 ~ 1000 吨，航速 14 ~ 20 节，舰上装有各种扫雷具，可扫除布设在 50 ~ 100 米水深的水雷；基地扫雷舰，又称中型扫雷舰，排水量 500 ~ 600 吨，航速 10 ~ 15 节，可扫除 30 ~ 50 米水深的水雷；港湾扫雷艇，也称小型扫雷艇，排水量多在 400 吨以下，航速 10 ~ 20 节，吃水浅，机动灵活，用于扫除浅水区和狭窄航道内的水雷。

（三）水雷战舰艇的特点

一是布雷舰艇装载水雷较多，布雷定位精度较高，但隐蔽性较差，防御能力较弱，适合在己方兵力掩护下进行防御布雷，专门的布雷舰已越来越少，一些国家新造布雷舰主要用于近海和沿岸布设防御水雷。

二是为了适应反水雷作业要求，反水雷舰艇通常具有吃水浅、磁性弱、噪声小、水压低等特点。由于水雷的最小定深为 1.2 米以上，且布雷时一般都选在低潮线进行，锚雷的设定深度大多为 3 米左右，因此，扫雷舰艇的吃水大多不超过 3 米，只有少数达到 4 米。同时，为了防止磁性水雷、音响水雷对自身构成威胁，反水雷舰艇一般采用木、铝混合材料和低磁钢做船体结构，并对发动机等部位进行降噪处理。

三是水雷战舰搭载的主要是水雷布设和清除装置，舰上作战武器装备较少，一般仅配有机枪等轻武器，防空、反舰、反潜能力较弱。

（四）水雷战舰艇的未来

由于布雷舰的数量越来越少，这里主要介绍反水雷舰艇的发展趋势。

一是反水雷舰艇呈现多样化。除了建造和保留部分单一的猎雷、扫雷舰艇外，还有一些国家采用“应急船”的方式，寓水雷战舰功能于渔船之上，这样，和平时期渔船可以探测航道，积累水文资料，战时为其配备水雷战设

备，执行反水雷战任务。

二是船体采用多种船型。除采用常规单体排水型船型外，反水雷舰艇还将采用双体船型、侧壁式双体气垫船型。上述两种船型具有甲板工作面积大，稳定性、适航性、机动性良好，便于声纳工作等特点。

三是应用多项反水雷技术。为了提高探索、排除水雷能力，以及提高反水雷舰艇自身防护性能和降低自身各种物理场，水雷战舰将普遍装备电子战设备，应用高灵敏度、高效率的导航系统、探雷声纳、灭雷具和扫雷设备，船体选用无磁性、耐腐蚀、成本低，能透过雷达波和声波的新材料。

二、经典水雷战舰艇

（一）韩国“元山”级布雷舰

“元山”级布雷舰是韩国20世纪90年代建造的一种大型布雷舰。该级舰计划建造3艘，实际建造1艘。首舰“元山”号由韩国现代重工业船厂建造，1994年12月开工，1996年9月下水，1997年9月正式服役，舷号MLS-560。

“元山”级采用长艏楼甲板船型，干舷很高，既有利于减少海浪涌上甲板，也可为舰艇提供更多的储备浮力。该级舰舰体十分宽大，长宽比偏小，有利于提高舰艇的操纵灵活性。该级舰上层建筑共有3层，集中布置在舰体中部艏楼甲板上，拥有更大的内部空间和甲板面积，有利于物品的存放和甲板作业，艏楼甲板尾部两舷还分别设有折叠式超重机和鱼雷发射管。

“元山”级全长103.8米，宽15米，吃水4米，标准排水量3300吨，满载排水量3480吨，排水量名列布雷舰前茅，除了日本新型的布雷舰排水量4950吨、瑞典的“卡尔斯克鲁纳”级布雷舰排水量3550吨以外，大多数布雷舰的排水量

都在 1000 吨左右。

该级舰装备有 4 台柴油主机，功率 17200 马力，4 台主机可根据需要两两组合，或 4 台同时工作，最大航速 22 节，极限航速 30 节，续航力 4500 海时 /15 节，人员编制 160 人。舰上武器配置也十分丰富，装有 2 座 324 毫米鱼雷发射管；1 座“奥托 · 梅莱拉”76 毫米主炮，射速 85 发 / 分，射程 16 千米；2 座双联装“布雷达”40 毫米副炮，射速 3000 发 / 分，射程 12.5 千米；舰上还设有直升机平台，可搭载直升机 1 架；舰艉部设有水雷舱，可载水雷 500 枚。另外，还携带 2 艘 LCVP 登陆艇。

“元山”级布雷舰的电子设备较多，装有对空 / 对海搜索雷达、马可尼公司的 1802 火控雷达、1 部导航雷达、1 套“塔康”战术空中导航系统，以及电子对抗装置、声纳等。因此，该级舰不仅能够快速布设水雷，还可以充当水雷战舰队旗舰，并具有一定的对空、反潜、反舰作战能力，以及为友军提供反水雷力量的后勤支援。

韩国“元山”级布雷舰

主要参数			
标准排水量	3300 吨	最大航速	22 节
满载排水量	3480 吨	编制人数	160 人
舰长	103.8 米	续航能力	4500 海里 /15 节
舰宽	15 米	主要武器	2 座 324 毫米鱼雷发射管，1 座“奥托 · 梅莱拉”76 毫米舰炮，2 座双联装“布雷达”40 毫米副炮，500 枚水雷
吃水	4 米	舰载机	1 架舰载直升机

（二）英国“狩猎”级扫/猎雷舰

“狩猎”级是英国20世纪70年代后期研制的一级集扫雷和猎雷于一身的水雷战舰艇。该级舰分别由沃·桑公司伍尔斯顿分公司和亚罗造船有限公司建造，单舰造价为3500万英镑，主要执行远洋扫雷任务。

该级舰计划共建造24艘，实际建造13艘，舷号依次为M29～M41。其中，M36、M40卖给了希腊；M29、M32、M35已于2005年退出现役，2010年和2011年将M32、M35卖到了立陶宛。首舰“布雷肯”号，1978年6月21日下水，1979年12月18日服役，2005年7月19日退役；第13艘舰“阔恩”号，1988年1月23日下水，1989年4月21日服役。

该级舰船体采用玻璃钢单层结构，比传统木质结构耐腐蚀性好、变形系数低，还可以防虫蛀，船体结构寿命可达30年，是20世纪80年代最大的玻璃钢结构反水雷舰。该级舰标准排水量625吨，满载排水量762吨，舰长60米，舰宽9.8米，吃水2.2米，装有2台柴油机，发动机功率3540马力，最大航速17节，扫雷时航行速度10节，舰员45人。主要武器1门30毫米机关炮，射速650发/分，对海射程10千米；3挺7.62毫米机枪。

该级舰装备有1006型导航雷达，台卡、亥菲克斯-6无线电定位系统，CAAIS情报中心，193M型舰壳猎雷声纳。其中，193M型猎雷声纳具有体积小、质量轻、可靠性高等特点，可交替使用目标回波和声影识别这两种方式识别目标。

主要参数	
标准排水量	625 吨
满载排水量	762 吨
舰长	60 米
舰宽	9.8 米
吃水	2.2 米
最大航速	17 节
编制人数	45 人
主要武器	1 座 30 毫米机关炮，3 挺 7.62 毫米机枪

英国“狩猎”级扫猎雷舰“莱德伯里”号

（三）英国“桑当”级猎雷艇

“桑当”级猎雷艇于20世纪80年代后期研制，由英国沃斯帕·桑尼克罗夫特有限公司建造，是英国最先进的猎雷艇，也是世界上最为先进的猎雷艇之一，主要担负近海和远洋探测和销毁敌方布设的水雷任务。

20世纪70年代，英国于20世纪50年代中期建造的“顿”级扫雷艇迅速老化；20世纪70年代研制的双任务型“狩猎”级猎/扫雷舰的造价和使用费用太高；20世纪80年代初期建造的“河”级沿海扫雷舰的作战能力过于薄弱；于是英国决定建造单一任务型猎雷艇。1984年，英国国防部批准了该级猎雷艇的设计方案；1985年4月28日，签订首艇“桑当”号建造合同。

该级艇共建造有15艘，其中有3艘卖给了沙特阿拉伯，英国皇家海军最初装备12艘，舷号依次为M101~M112，分别是“桑当”“因弗内斯”“克罗默”“沃尔尼”“布里德波特”“彭赞斯”“彭布罗克”“格里姆斯比”“班戈”“拉姆齐”“布莱斯”“消勒姆”，但M101、M102、M105卖给了爱沙尼亚，3号舰M103作为训练舰使用，4号舰M104已退役。

该级艇采用玻璃钢船体，标准排水量450吨，满载排水量484吨，艇长52.5米，艇宽10.9米，吃水2.3米，装备2台柴油机，发动机功率1523马力，最大航速13节，猎雷时航速6.5节，续航力3000海里/12节，艇员34人。主要武器为1座“厄利空”30毫米机关炮。

该级艇装备有马可尼公司研制的“瑙蒂斯”反水雷舰艇综合指挥、控制和导航系统。该系统可将声纳、导航设备、避碰设备、船舶控制系统与数据库有机融合，每一个控制台均保存有数据库的一个副本。数据库可以储存 2000 平方海里范围内的各种信息，包括 200 个以上雷达和声纳航迹、威胁判断和武器分配数据、6 幅战术地图、15 张统计表、200 个基准点、5000 个详细声纳目标等。

该级艇装备的 2093 型变深声纳是世界上第一种变深、多模式变深声纳，其作用距离是普通舰壳声纳的 2 倍，探测深度是后者的 4 倍。装备的凯尔文·休斯公司的 NAVPAC 系统，综合导航定位精度在 9 米以内。

该级艇装备 2 只 PAPl04MK5 遥控灭雷具。灭雷具长 3 米，直径 1.2 米，高 1.3 米，重 850 千克，装备 1 台高分辨率近距声纳或 1 台中距定位声纳、1 台微光电视摄像机或 1 台彩色电视摄像机和 1 个 120 千克炸药包，工作范围 2000 米，最大下潜深度 300 米，航速 6 节。

英国“桑当”级猎雷艇“班戈”号

主要参数	
标准排水量	450 吨
满载排水量	484 吨
舰　　长	52.5 米
舰　　宽	10.9 米
吃　　水	2.3 米
最大航速	13 节
编制人数	34 人（军官 5 人）
续 航 力	3000 海里 /12 节
主要武器	1 座“厄利空”30 毫米机关炮

（四）瑞典“兰德索尔特”级猎雷艇

“兰德索尔特”级是瑞典20世纪80年代建造的一种现代化猎雷艇。该级艇由卡尔斯克鲁纳造船厂建造，目前主要装备瑞典和新加坡海军。其中瑞典共有7艘，首艇于1984年4月开始服役，舷号依次为M71～M77，分别是“兰德索尔特”“阿霍尔玛”“科斯泰尔”“库伦”“文加”“温”“乌尔翁”号；新加坡共有4艘，舷号依次为M105～M108，分别是“勿洛”“加冷”“加东”“榜鹅”号。

该级艇船体采用全玻璃钢多层结构，其中两层之间填充有泡沫塑料芯。这种设计方法，不仅减轻了舰艇的质量，而且还节约了建造费用，降低了该级艇的水压场，有利于其排除水压水雷。此外，与其他玻璃钢型舰艇比较，该级艇的艇体夹层间敷设有绝热材料，既可以保温隔热，还可以大大降低该级艇的红外特征，有利于提高舰艇的隐身能力。

该级艇配备有猎雷系统、扫雷系统和武器系统3种设备。艇上装备有多种先进的猎雷具，适用性极强，可用于扫除各种类型的水雷。该级艇可在各类海床和水文条件下进行作业，包括岩质、沙质和泥质海床，即使在恶劣的海况条件下，也具备较好的工作能力。

2005年6月29日，瑞典海军分两个阶段开始对该级艇展开全面升级工作。升级后，该级艇将安装新的综合水雷对抗系统、猎雷声纳、水下航行器、敌我识别装置、水雷处理和防空系统，具有遥控猎雷和扫雷双重功能，除主要担负猎雷、扫雷任务外，还可执行水雷布放、反潜、护航等任务。

主要参数	
标准排水量	270 吨
满载排水量	360 吨
舰　　长	47.5 米
舰　　宽	9.6 米
吃　　水	2.3 米
最大航速	15 节
续 航 力	2000 海里 /12 节
主要武器	1 门 40 毫米机关炮，反潜深水炸弹发射器

瑞典“兰德索尔特”级猎雷艇

（五）俄罗斯“索尼亚”级近岸扫/布雷舰

“索尼亚”级近岸扫/布雷舰是苏联1973年开始建造的第四级近岸扫雷舰，并具有一定的布雷能力。该级舰由海参崴造船厂建造，内部代号1265型，后经彼得罗扎沃茨克造船厂升级改造。该级舰共建造72艘，1973年~1991年近20年的时间里，平均每年建造3～5艘。

该级舰采用木质材料建造，在木壳体外面包裹有一层玻璃的保护层。舰体为长艏楼船型，艏楼约为船长的3/4。舰桥布置在前部艏楼顶上，1个高大的桁格状桅杆安装在舰桥顶上；烟囱布置在舰中部艏楼顶上；舫楼后面为扫雷甲板，上面装有1台高大的扫雷电缆卷车。该级舰只配有1根起重吊杆，布置在舰艉的中间，两侧均可使用。

该级舰全长48.8米，宽8.8米，吃水2.1米，标准排水量400吨，满载排水量450吨，编制43人，主机为1台柴油机，功率2400马力，最大航速15节，续航力3000海里/10节，自持力10天。

舰上装有1部“顿河-2”型导航和搜索雷达，1部“高杆-B”型敌我识别雷达，2部“方头”敌我识别雷达，1部MG-89型声纳，2座双联装30毫米炮，2座双联装25毫米炮，PEMT-2型扫雷具和ST-2型扫雷具，另外携带8枚水雷。

目前俄海军共有26艘在役，14艘封存，此外，还大量出口至阿塞拜疆、保加利亚、叙利亚、乌克兰、古巴、越南等国。越南海军现役共有4艘该级舰。

主要参数			
标准排水量	400 吨	最大航速	15 节
满载排水量	450 吨	编制人数	43 人
舰长	48.8 米	续航力	3000 海里 /10 节
舰宽	8.8 米	自持力	10 天
吃水	2.1 米	主要武器	2 座双联装 30 毫米炮，2 座双联装 25 毫米炮，PEMT-2 型扫雷具和 ST-2 型扫雷具，8 枚水雷

俄罗斯“索尼亚”级近岸扫雷舰

（六）俄罗斯“玛瑙”级扫雷舰

“玛瑙”级扫雷舰是俄罗斯建造的第5代扫雷舰，也是俄海军现役主力远洋扫雷舰。该级舰由俄罗斯“金刚石”中央海军设计局研制，内部代号02688型，采用苏俄惯用的“宝石”名称命名。

该级舰计划建造4艘，首舰于2006年5月26日在圣彼得堡市郊中涅瓦造船厂下水，以苏联海军副总参谋长兼作战部长弗拉基米尔·扎哈林海军中将命名，2008年年初加入俄北方舰队科拉区舰队。

“扎哈林海军中将”号综合了猎雷舰和扫雷舰的特点，装备有可在航向前方探雷扫雷的“利瓦吉亚”声纳站—无人潜水器设备，以及可大面积快速作业的水下自动搜索排雷具，主要包括接触扫雷具、物理场模拟扫雷具等在内的各种现代化扫雷设备，是俄海军将来重点发展的一种多用途反水雷舰艇。

该舰装有水文导航和水文气象保障设备，首次实现了航行驾驶台和主指挥所一体化配置，自动驾驶性能和机动性能大幅度较高。舰体采用低磁钢材料，并采取其他措施进一步降低了电磁、声纳和流体动力场等特征，除装有各种扫雷设备外，该舰还装备有6管AK-630自动化舰炮，以及“针”式便携式防空导弹系统，可用来攻击空中和小型水面目标，具备较好的防空能力和战场生存能力。

俄罗斯“玛瑙”级扫雷舰

主要参数	
满载排水量	882 吨
舰　　长	61 米
舰　　宽	10.2 米
吃　　水	3 米
最大航速	16 节
编制人数	60 人
主要武器	6 管 AK- 630 自动化舰炮，“针”式便携式防空导弹系统

（七）美国“鹗”级近海猎雷艇

“鹗”级猎雷艇是美军海军 20 世纪 80 年代建造的近岸型猎雷艇，主要负责保护美国大陆沿岸海域，担负近海浅水区域扫雷任务。该级艇共建造 12 艘，自 1988 年 6 月开工至 1995 年 5 月全部服役，舷号依次为 MHC51 ~ MHC62。

首舰“鹗”号，1988 年 6 月 16 日开工，1991 年 3 月 23 日下水，1993 年 11 月 20 日服役。第 12 艘“伯劳鸟”号，1995 年 9 月 12 日开工，1997 年 5 月 24 日下水，1999 年 1 月 11 日服役。2007 年，该级艇全部退役，分别出售给希腊（4 艘）、埃及（2 艘）、土耳其（2 艘）、印度（2 艘）。

该级艇安全性高，是世界最大的全玻璃钢加强型塑性材料船，船体采用单壳设计，无横纵框架，艇体由 76 层玻璃纤维组成，可有效消除艇体的磁性特征，从而减少触发磁信水雷的概率。

该级艇安装有 1 部雷神公司 SPS-64（V）9 对海搜索雷达、1 套雷神公司和汤姆逊公司 SQQ-32 主动式变深高频猎雷声纳、1 套优利公司 SYQ-13 综合导航 / 指挥控制系统和 SYQ-109 机械控制系统，兼备 2 只 SLQ-48 型遥控灭雷具，从 1995 年起开始装备 SLQ-53 型模块化深水机械式和感应式扫雷具。

在执行猎雷任务时，该级艇首先使用猎雷声纳搜索水雷位置，在得到水下目标的准确方位后，再通过有线控制灭雷具靠近目标，接近目标后通过安装在灭雷具上的水下摄像机进行识别，尔后实施灭雷。这种模式可不受水雷引信类型的限制，能够有效对付各种先进水雷，舰艇和人员在猎雷时也较为安全。此外，通过搭载不同模具，该级艇还具有扫雷功能。但该级艇不宜在大风浪条件下作业，船体较为单薄、受损后存活力较低。

美国“鹗”级近海猎雷艇“雷温”号

主要参数	
标准排水量	796 吨
满载排水量	882 吨
舰　　长	57 米
舰　　宽	12 米
吃　　水	3.4 米
最大航速	12 节
编制人数	51 人
主要武器	2 挺 12.7 毫米机枪

（八）美国“复仇者”级反水雷舰

第二次世界大战以后，美国海军曾一度忽视反水雷舰艇的建造与使用，以致在一些局部战争和武装冲突中屡屡吃亏，于是，20 世纪 70 年代末美海军决定加强反水雷舰艇的研制。“复仇者”级反水雷舰由美国海军与皮特松造船公司共同研制，由皮特松造船公司和玛丽埃塔·马林造船公司生产。1982 年 6 月开始签订订货合同，1983 年开始投入生产。

该级舰共建造有 14 艘，舷号依次为 MCM1 ~ MCM14。首舰“复仇者”号，1983 年 6 月 3 日开工，1985 年 6 月 15 日下水，1987 年 9 月 12 日服役。第 14 艘舰“酋长”号，1991 年 8 月 19 日开工，1993 年 6 月 13 日下水，1994 年 11 月 5 日服役。

主要参数			
标准排水量	1258 吨	最大航速	14 节
满载排水量	1371 吨	编制人数	81 人
舰　　长	68 米	续航能力	2500 英里 /10 节
舰　　宽	12 米	主要武器	2 挺 12.7 毫米 M2 机枪，2 挺 7.62 毫米 M60 机枪，2 具 MK-19 榴弹发射器
吃　　水	3.7 米		

美国“复仇者”级反水雷舰“侦察兵”号

“复仇者”级舰长68米，宽12米，吃水3.7米，标准排水量1258吨，满载排水量1371吨，装备4台瓦克沙L-1616型柴油机，总功率600马力，最大航速14节，艇员81人。

该级舰采用多层木质结构，木板外面包浸有环氧树脂的多层玻璃纤维，船体具有强度高、耐冲击、抗摩擦等特点。舰上许多设备和部件也采用铝合金、铜等非磁性材料。

该级舰具有导航定位精度高、探雷设备先进等特点，兼具猎雷和扫雷功能。反水雷设备主要包括变深声纳分系统、灭雷分系统、扫雷分系统和精确导航分系统及一些辅助设施。其中，精确导航分系统由回声探测仪、电罗经无线电导航接收机、雷达和“子午仪”卫星通信系统等组成，能够精确地确定本舰及水雷位置。

灭雷分系统主要为EX-l16MOD-O灭雷深潜器，灭雷器由母艇用电缆供电，灭雷具前端装有1部声纳，首尾各装有1台摄像机，航速6节，工作深度100米，可在5级海况下工作，完成一次灭雷需17 ~ 20分钟。

舰上配有机械扫雷具和磁声感应扫雷具，可扫除声、磁及触发等多种引信水雷。该级舰深水反水雷能力突出，浅水作业性能不佳，主要适用于执行远洋反水雷任务。2013年1月17日，该级舰的第5艘“护卫者”号曾在菲律宾南部巴拉望省的图巴塔哈群礁国家海洋公园南礁发生搁浅。

（九）法国“三伙伴”级猎雷舰

“三伙伴”级猎雷舰由法国、荷兰、比利时三国联合研制，主要用于搜寻和排除沉底水雷和锚雷，也可用于巡逻、训练，以及当作遥控扫雷艇母舰、潜水作业母船和污染控制母船使用。该级舰建造于20世纪70年代，研制费用采取AA制，三个国家各承担三分之一，而造舰费则由各个国家自行承担。

三个国家共建造该级舰31艘，法国自己建造10艘，从比利时另购买3艘，以星座命名，舷号依次为M641 ~ M653，分别为“波江座”“仙后星座”“仙女座”“飞马座”“猎户座”“南十字星”“天鹰座”“天琴座”“英仙座”“射手座”“摩羯座”“仙王座”“水瓶座”号。

比利时共建造10艘，以花的名字命名，现有6艘，分别是M915“紫菀”、M916“雏菊”、M917“蕃红花”、M921“半边莲”、M923“黄水仙”、M924“报春花”号。其中M918“康乃馨”号、M919“吊钟海棠”号、M920“鸢尾花”号建成后出售给法国，分别改名为“摩羯座”“仙王座”“水瓶座”号；M922“勿忘草”号出售给保加利亚。

荷兰共有15艘，以城市的名字命名，舷号依次为M850 ~ M864，分别是“阿尔克马”“德尔夫择尔”“多德雷赫特”“哈伦”“哈林根”“希凡宁根”“马斯勒斯”“马库姆”“米德堡”“海勒沃特斯勒斯”“斯希丹”“乌尔克”“基里克泽”“弗拉尔丁根”“威廉斯塔德”号。

该级舰为长艏楼型，艏楼约占舰长的 3/4，船体采用玻璃钢建造，舰桥、作战指挥室均为全封闭式，并安装有空调和三防措施。为减缓航行及停泊时的摇摆，该级舰还采用了当时最新式的主动式防摇水舱。

该级舰的猎雷系统由声纳、精密定位导航设备、情报中心、灭雷设备等组成。其中，舰壳声纳能同时摸索和识别沉底雷和锚雷，搜索深度 80 米，搜索距离大于 500 米，辨认水雷深度 60 米，在沿岸水域定位误差小于 15 米。艏楼后面尾甲板上装有 2 具灭雷具、1 部扫雷绞车和 1 台折臂式液压起重机。

法国"三伙伴"级猎雷舰"仙王座"号

主要参数	
标准排水量	536 吨
满载排水量	605 吨
舰　　长	51.5 米
舰　　宽	8.96 米
吃　　水	3.6 米
最大航速	15 节
编制人数	36 人
续航能力	3000 英里 /12 节
主要武器	1 门 20 毫米机关炮，2 挺 12.7 毫米机枪，2~3 挺 7.62 毫米机枪

（十）日本“八重山”级深海扫雷舰

“八重山”级扫雷舰分别由日立造船公司、日钢管公司建造，是日本海军20世纪90年代初建造的一种深海扫雷舰，也是战后日本自行研制的首级深海扫雷舰。该级舰的研制使日本成为继美国之后第二个拥有千吨级深海扫雷舰的国家，从而使日本的扫雷能力特别是超深度扫雷能力明显提高。

该级舰共建造3艘，舷号分别为MSO-301、MSO-302、MSO-303，均隶属第2扫雷队群第15扫雷队，基地位于横须贺。首舰“八重山”号，1990年8月30日开工，1991年8月29日下水，1993年3月16日服役；2

主要参数	
标准排水量	1000 吨
满载排水量	1250 吨
舰　　长	67 米
舰　　宽	11.8 米
吃　　水	3.1 米
最大航速	14 节
编制人数	60 人
主要武器	1 座 3 管 JM-6120 毫米 / 76 “海火神”炮
舰载机	1 架直升机

日本“八重山”级深海扫雷舰“八重山”号

号舰“对马”号，1990年7月20日开工，1991年9月20日下水，1993年3月23日服役；3号舰“八丈”号，1991年5月17日开工，1992年12月15日下水，1994年3月24日服役。

该级舰采用木质船体，装备2台三菱公司生产的6NMU-AT1柴油机，功率2400马力，最大航速14节，舰员60人。装备有富士通公司的OPS39对海雷达，雷神公司的SQQ32变深声纳，深水水雷情报接收处理系统，精密导航装置，遥控式水下航行器，卫星通信系统。

该级舰拥有猎/扫雷装置，可以猎、扫布设在500米以下水深的各种水雷，主要负责清扫超深度布设的各种水雷，为日本在远海活动的潜艇开辟水下航道。灭雷时，舰上的主要猎雷装置均装有可变深度超声波摄像探雷仪，能够自动搜索、识别和接近目标，可自动发射爆破弹将沉底雷引爆。扫雷时，使用切割扫雷具断锚雷的锚链，待雷体浮至水面后将其击毁。

主要武器为1座3管JM-6120毫米/76“海火神”炮，射速1500发/分，射程4000米。另外，还搭载有1架“海龙”直升飞机。

三、水雷战舰艇背后的故事

开辟海湾通道

海湾战争前夕，为了阻止以美国为首的多国部队在海上的行动，伊拉克海军利用多国部队进行“沙漠盾牌”行动的5个月时间，在科威特境内建立了严密的海岸防御系统，并在海上布设了大量水雷。从1990年11月底开始，到“沙漠风暴”行动结束，伊拉克共在波斯湾海域布设各种水雷1100多枚。

为消除伊拉克的水雷威胁，多国部队在“沙漠盾牌”行动之初就建立了1支反水雷大队。为顺利实施登陆，多国部队波斯湾作战编队成立了2支专门执行反水雷战的海上作战力量，一支是以英军为主的英国反水雷编队，另一支是以美军为主的美国反水雷大队。

其中，基地设在阿联酋阿布扎比的美国反水雷大队，由水面反水雷、航空反水雷和爆破排雷小队组成。英国反水雷编队由皇家海军的“阿瑟斯托”号、“卡提斯托”号、“赫沃恩”号、“莱德伯里”号、“杜维尔顿”号5艘扫雷舰和1艘“先驱”号支援舰组成。

为了扫清水中障碍，多国部队的反水雷行动于“沙漠风暴”行动之前便已实施。从1990年12月~1991年1月16日，美国反水雷大队共发现并摧毁了6枚伊拉克布设的漂浮水雷。

1月24日，反水雷大队正式离开阿布扎比，驶向波斯湾北部的预定反水雷作业区。2月14日，美国海洋地质观察船“先驱”号作为支援舰加入反水雷大队。同一天，英国反水雷编队的5艘扫雷舰与美国反水雷大队会合一处。

2月16日，这支特遣编队正式开始扫雷行动，它们首先在科威特海岸以东约100千米的海域扫出一条长约25千米、宽近1千米的通道。

2月17日，反水雷编队被科威特境内伊拉克“蚕”式导弹的火控雷达发现。为避免遭到袭击，多国部队的扫雷舰迅速驶至伊拉克导弹射程之外的海域。

2月18日凌晨2时40分许，多国部队的反水雷编队又返回原扫雷作业区。4时35分左右，在伊拉克雷区作业达11小时之久的美舰“特里波利”号撞上了1枚触发锚雷，爆炸的水雷将该舰水线以下部分炸开一个长6米、宽约5米的大洞。

大约7时15分，美舰“普林斯顿”号引爆了另1枚水深16米处的“曼塔”水雷，3秒后，距该舰100米处又引爆了1枚水雷。

两次爆炸事件发生后，多国部队重新修订了反水雷计划，后撤近45千米，重新开始扫雷行动。2月27日，美舰“复仇者”号用ANLSQQ-32猎雷声纳探测系统探测到1枚与炸伤“普林斯顿”号水雷相同的“曼塔”感应水雷，随后派蛙人用炸药炸毁了这枚水雷。

海湾战争结束以后，为了彻底消除水上威胁，来自比利时、法国、德国、意大利、日本和荷兰的扫雷舰也加入扫雷行列，并与美英反水雷特遣大队一道，继续对通往科威特各港口通道上的伊军水雷实施清扫。在大家的共同配合下，整个波斯湾的扫雷工作于1991年9月10日才最终完成。

第九章　导弹艇

一、导弹艇概述

导弹艇又称导弹快艇，英文名称为 Missile Boat，是以导弹为主要装备的一种小型战斗舰艇。

导弹艇携带有导弹、舰炮、机枪等武器，安装有雷达、火控系统及相应的通信设施，具有机动灵活、隐身性能好、突击能力强等特点，主要担负防空、反舰、巡逻、反潜、抗登陆作战等任务，是近海作战的一种重要的兵器，大有取代鱼雷艇之势。

（一）导弹艇的历史

导弹艇起源于鱼雷艇，出现于20世纪50年代末，是在鱼雷艇的基础上发展起来的。由于鱼雷射程较近，导弹出现后，一些国家开始设想，如果在鱼雷艇上装上导弹，就能够有效克服鱼雷射程近、命中率低的缺点。

1959年，苏联海军将P6级鱼雷艇上的2座鱼雷发射管拆除，换装为2座SS-N-2“冥河”飞航式反舰导弹发射装置，携带2枚导弹，由此，世界上最早的“蚊子”级导弹艇诞生了。经过多次试验后，“蚊子”级导弹艇开始进入批量生产。20世纪60年代初，苏联又在“蚊子”级导弹艇的基础上，研制出吨位更大、火力更强的“黄蜂”级专用导弹艇。

导弹艇问世后，不少国家对它的作用并不看好，甚至一些西方国家还嘲笑它是“穷国的武器”，只有一些中、小发展中国家才装备和使用导弹艇。许多人认为，舰舰导弹通常只装备在大、中型舰艇上，快艇不一定能装得下；另外，即使是装得下，导弹的性能可能也会受到影响。

但是，发生在第三次中东战争的一件事使得人们对导弹艇的作用刮目相看。当时，埃及海军使用苏制“蚊子”级导弹艇前后共发起两次攻击，共发射4枚“冥河”导弹，3枚命中，一举击沉以色列2500吨级的“埃拉特”号驱逐舰，开创了海战史上导弹艇击沉军舰的先河，显示了导弹艇不容忽视的作战效能。

此后，许多国家转变了对导弹艇的看法，成立了许多专门的研究机构，投入了大量的人力、物力和财力，纷纷加入到研制和发展导弹艇的行列，各种新型导弹艇和舰舰导弹不断涌现，导弹艇的战术技术性能迅速提高，到20世纪80年代初，已有约50个国家拥有各型导弹艇约750艘。

（二）导弹艇的分类

1. 按排水量分，主要有大、中、小三种类型。其中，大型导弹艇排水量通常在200～600吨；中型排水量在100～200吨；小型排水量通常为几十吨。

2. 按艇型分，从艇型上看，导弹艇可分为滑行型、水翼型、气垫型等。

（三）导弹艇的特点

一是吨位小、隐蔽性好。导弹艇排水量通常在数十至数百吨，即使大型导弹艇排水量也不过五六百吨，体型小、吃水浅、雷达特征小，可以利用沿海岛屿、礁石、港湾甚至海上航行的船舶作掩护，可以迅速进行兵力集中、疏散和突然发起攻击。

二是航速高、机动灵活。导弹艇通常采用不同于大、中型舰艇的外形，并配有大功率发动机，航行速度通常为30～40节，有的可达50多节，甚至更高。

三是射程远、战斗威力大。导弹艇以导弹为主要武器，具有攻击距离远、

命中率高等特点，其远距离攻击、攻击准确性和突然性等方面远远优于鱼雷，比鱼雷艇具有更强的战斗能力。

但是由于导弹快艇排水量小、尺寸小，续航力有限，活动范围较小，海上航行性能较差，在大风浪中不能充分发挥作用。同时，自卫能力不强，容易受到对方航空兵和水面舰艇的袭击。

（四）导弹艇的未来

一是提高导弹艇的自身性能。通过加大导弹艇的吨位，增大燃料携行量，提高续航力；通过安装大功率发动机，采用高效率推进器，提高导弹快艇的航速；通过采用水翼艇型、气垫艇型、地效翼艇型、双体艇型，使艇体部分或全部离开水面，进一步提高导弹艇的航速。

二是增加舰载导弹的杀伤力。通过安装末制导装置，提高导弹的命中精度；通过减轻弹体质量，缩小弹体尺寸，降低飞行段高度，提高导弹的突防能力。

瑞典“哥德堡”级导弹艇“哥德堡”号

二、经典导弹艇

（一）苏联“蚊子”级导弹艇

“蚊子”级导弹艇，也称柯马级导弹艇。该级艇建造于20世纪50年代末，由苏联列宁格勒彼得洛夫斯基造船厂制造，由P-6级鱼雷艇改制而成，代号183型，艇上装备有“冥河”型舰舰导弹。该级艇是苏联建造的第一种导弹快艇，也是世界上出现最早的导弹艇。

该级艇是一种小型导弹艇，艇体采用木质胶合结构，具有质量轻、强度高、耐冲击性好等特点。艇的中部甲板上，布置有封闭式的驾驶室和露天驾驶台。艇的甲板下方共有8个水密隔舱，从前至后分别是首尖舱、前士兵舱、后士兵舱、无线电室和军官舱、前机舱、后机舱、燃油舱、尾舱。

该级艇的驾驶台后面的桅杆上装有“方结”对海搜索雷达和1部“高杆”敌我识别器。艇的艉部安装有2座SS-N-2“冥河”式反舰导弹发射装置，由于该级艇尺寸小，导弹发射装置排列较近，艉部空间显得十分拥挤，甚至部分发射装置伸出舷外；导弹飞行速度0.9马赫，采用主动雷达制导，海面巡航高度100 ~ 300米，射程80千米，备弹2枚。另外，还装有2座双管25毫米半自动火炮，射速1000发/分，射程4500米。

该级艇在世界海军史上占有重要地位。第三次中东战争中，埃及海军“蚊子”级导弹艇发射“冥河”舰舰导弹将1艘以色列驱逐舰击沉，开创了小艇吃掉大舰的先河，而一举震惊世界，并由此引发世界各国建造导弹艇的热潮。

然而，在1973年的第四次中东战争中，在与以色列装备的“萨尔”级导弹艇的对阵中，埃及和叙利亚的“蚊子”级导弹艇虽然在数量上占有优势，但最终还是败在了“萨尔”级导弹艇之下，暴露出该级艇自卫能力较差的致命弱点。1956年至1965年的十年时间里，该级艇前后共建造112艘，除装备苏联海军外，还远销阿尔及利亚、古巴、埃及、印度尼西亚、伊拉克、朝鲜、叙利亚、越南、中国等国家。目前，仅有少量国家还在使用这种导弹艇。

主要参数			
标准排水量	61.5吨	最大航速	44节
满载排水量	66.5吨	编制人数	17人
艇　　长	25.4米	续航力	600海里/32节
艇　　宽	6.24米	主要武器	2座SS-N-2冥河式反舰导弹发射器，2座双管25毫米半自动火炮
吃　　水	1.24米		

苏联“蚊子”级导弹艇

（二）俄罗斯“黄蜂”级导弹艇

“黄蜂”级导弹艇是苏联海军20世纪50年代后期研制的一级中型导弹艇，北约称其为“奥萨”。与“蚊子”级导弹艇相比，“黄蜂”级的主尺度、排水量和配备的导弹数量均为“蚊子”级的2倍，作战能力明显增强。

“黄蜂”级导弹艇共有1型和2型两个型号。20世纪60年代前期生产的主要是1型，20世纪60年代后期开始生产2型。两型艇的主尺度基本相同，艇长38.6米，艇宽7.64米，吃水1.73米，但吨位及其他一些性能有所区别。

1型艇于1959年动工，1966年停建，标准排水量171.5吨，满载排水量209吨，装有3台柴油机，功率12000马力，最大航速38.5节，续航力800海里/30节（1800海里/14节），自持力5天，编制人数28人（军官4人）。2型艇于1969年动工，1976年停建，标准排水量192吨，满载排水量235吨，装有3台柴油机，

主要参数			
标准排水量	171.5吨(1型),192吨(2型)	最大航速	38.5节(1型),42节(2型)
满载排水量	209吨(1型),235吨(2型)	编制人数	28人(1型),29人(2型)
艇长	38.6米	自持力	5天
艇宽	7.64米	主要武器	4座“冥河”反舰导弹发射装置,2座双联装30毫米机关炮
吃水	1.73米		

俄罗斯“黄蜂”级导弹艇

功率 15000 马力，最大航速 42 节，编制人数 29 人（军官 4 人）。

“黄蜂”级导弹艇装有 1 部对海搜索雷达、1 部火控雷达、1 部火控系统、1 部“高杆”敌我识别器和无线电测向仪。艇艏和艇艉各装有 1 座双联装 30 毫米机关炮，射速 2000 发 / 分；两舷各装有 2 座“冥河”型舰舰导弹发射装置，4 座反舰导弹发射装置前后排列，前面 2 座发射装置发射仰角为 120°，后 2 座发射仰角为 150°，每座发射装置后面装有火焰喷射扫板，可将导弹发射时喷出的热气流引向舷外。1 型艇使用的是 SS-N-2A 或 B 型“冥河”导弹，2 型艇使用 SS-N-2B 或 C 型。

该级艇是世界上生产数量最多的一级导弹艇，生产数量达 400 多艘。该级艇除装备苏联外，还大量出口至第三世界国家。1971 年印巴战争中，印度使用该级艇发射“冥河”导弹一举击沉了巴基斯坦的“哈巴尔”号驱逐舰。但在 1973 年的第四次中东战争中，却败给了以色列的“萨尔”级导弹艇。

1959 年，苏联将该级艇的生产技术转让给中国，命名为 021 级导弹艇。首艇由上海中华造船厂制造，1963 年 8 月下水，1965 年 12 月底服役。此后，江西造船厂也加入到该级艇的生产工作，首艇于 1971 年建成。021 级艇装有 4 座“上游 -1”号反舰导弹，国产数量 121 艘，2007 年 5 月 31 日全部退役。

（三）俄罗斯“毒蜘蛛”级导弹艇

“毒蜘蛛”级导弹艇是苏联海军20世纪70年代后期研制的一级大型导弹艇，由苏联海军“纳努契卡”级轻型导弹护卫舰发展而来。该级艇共有1241.RE型（北约代号“毒蜘蛛-1”）、1241.I型（“毒蜘蛛-2”）、1241.IM型（“毒蜘蛛-3”）三种型号，最初用来出口华沙条约组织国家和第三世界国家，后来又大量装备苏联海军。三种型号在艇型、排水量、外形尺寸及总体性能等方面基本相同，但动力装置、电子设备和武器装备等方面有着较大的差别。

该级艇采用平甲板艇型，艇体采用钢结构，上层建筑采用铝镁合金结构，标准排水量385吨，满载排水量455吨（3型艇540吨），艇长56米，艇宽10.5米，吃水2.5米，自持力14天，编制人数34人。首艇于1977年年初开工建造，1978年4月下水，1989年年初出现在波罗的海。

1型、2型艇采用全燃动力装置，装备4台燃气轮机，总功率20176马力，最高航速36节，续航力1500海里/20节。3型艇采用柴—燃联合动力，总功率23072马力，油耗有所降低，最大航速提高到42节，续航力提高至2000海里/20节。

该级艇的武器系统主要包括舰舰导弹、防空导弹及舰炮3部分。其中，1型、2型艇装备为SS-N-2D反舰导弹，3型艇装备的是4枚SS-N-22“日炙”反舰导弹。在众多导弹艇中，该级艇是世界上为数不多的配备有防空导

弹的导弹艇之一。艇艉装有1部4联装SA-N-5轻型防空导弹发射装置，最大射程4200米，射高2100米，最大飞行速度1.7马赫，采用红外制导，单发命中率50%，双发命中率75%。

该级艇装备有两种舰炮；一种是位于艇艏的AK-176M单管自动舰炮；另一种是位于舰艉平台上的2座AK-630M 6管30毫米速射炮。此外，该级艇还配备有1部MR352型对海搜索及攻击雷达，1部导航雷达，1部舰炮用火控雷达，以及敌我识别系统和诱饵弹发射装置等。

主要参数

标准排水量	385吨、4800吨(3型)	最大航速	36节（1型、2型），40节（3型）
满载排水量	455吨(1型、2型)，540吨(3型)	编制人数	34人
艇　　长	56.1米	续航力	14天
艇　　宽	10.5米	主要武器	4座SS-N-2D或SS-N-22反舰导弹发射装置，1座4联装SA-N-5轻型防空导弹发射装置，1座AK 176M单管自动舰炮，2座AK-630M 6管30毫米速射炮
吃　　水	2.5米		

俄罗斯“毒蜘蛛”级导弹艇

（四）以色列“萨尔”级导弹艇

“萨尔”级导弹艇是以色列海军的主力舰艇，是世界上较为著名的一级导弹艇。该级艇根据以色列海军的实际需要研制建造，共有“萨尔”2、“萨尔”3、“萨尔”4、“萨尔”4.5、“萨尔”5等多种型号，但各型号在舰艇的性能和武器配备等方面有着较大的差异。

20世纪60年代中期，以色列海军委托联邦德国吕尔森船厂为其研制“萨尔”级高速攻击艇。但1967年第三次中东战争爆发后，由于国际政治方面的原因，该级艇改由法国诺曼底机械公司研制。该级艇共有12艘，分2批建造。第一批6艘艇于1968年交付以色列海军，称为“萨尔”2型，装有3座40毫米火炮（首1、尾2）。第二批6艘艇于1969年前后全部服役，称为“萨尔”3型，装有1座76毫米火炮和2座40毫米火炮。

“萨尔” 2、3型艇最初是按炮艇进行设计的。1970年，以色列海军开始对其进行导弹化改造。“萨尔”2型首尾各保留1座40毫米炮，艇尾换装1座3联装“迦伯列”舰舰导弹发射装置，艇艏加装2座“迦伯列”导弹发射装置。“萨尔”3型则在艇艉换装2座3联装“迦伯列”导弹发射装置。2、3型艇标准排水量220吨，满载排水量250吨，长45米，宽7.62米，吃水2.5米，最大航速42节，续航力1500海里/19节（500海里/30节），人员编制35～40人。1973年10月的第四次中东战争中，以色列的12艘“萨尔”2、3型导弹全部投入了战斗，共击沉埃及导弹艇6艘，击沉击伤叙利亚导弹艇5艘，而自己无一损失。

1968年，以色列开始了“萨尔”4型的秘密研制工作，该型艇也称“火花”级，首艇于1970年1月在以色列海法船厂开工建造，1973年4月建成服役。该型艇是2、3型的放大版，外形与2、3型非常相似，装有1座20毫米“密集阵”近防系统和1座76毫米炮或2座76毫米炮，6枚“迦伯列”或8枚“鱼叉”反舰导弹发射装置，4枚深水炸弹。

1980年，以色列在“萨尔”4型的基础上开始研制“萨尔”4.5型，也称为“阿利亚”级导弹艇。首艇“阿利亚”号于1980年7月下水，同年8月正式服役。该级艇标准排水量430吨，满载排水量498吨，艇长61.7米，宽7.62米，吃水2.8米，航速31节，续航力4800海里/19节，2200海里/30节。装有1部对空对海搜索雷达，1部火控雷达，以及电子干扰/电子支援系统和干扰箔条发射装置。装备有4座“鱼叉”反舰导弹发射装置，4座“迦伯列”反舰导弹发射装置，2座20毫米火炮，1座“密集阵”近防武器系统外，还设有直升机平台，可载1架“海豚”舰载直升机。

1993年，以色列开始建造“萨尔”级5型。首艇“埃拉特”号1993年2月下水，1994年5月21日服役。该级艇装有8枚“鱼叉”反舰导弹，64枚“闪电1”或“闪电8”防空导弹，1座“密集阵”近防武器系统，6具MK-32鱼雷发射管，可载1架“海豚”舰载直升机。

以色列“萨尔”级5型导弹艇

主要参数	
标准排水量	1075 吨
满载排水量	1227 吨
艇　　长	85.6 米
艇　　宽	11.88 米
吃　　水	3.17 米
最大航速	33 节
编制人数	74 人
续 航 力	3500 海里 /19 节
舰 载 机	1 架“海豚”直升机
主要武器	8 枚“鱼叉”反舰导弹，64 枚“闪电 1”或“闪电 8”防空导弹，1 座“密集阵”近防武器系统，6 具 MK-32 鱼雷发射管

（五）美国“飞马座”级导弹艇

“飞马座”级导弹艇建于20世纪70年代，主要用于对付苏联海军在波罗的海、地中海等海域活动的导弹艇，主要担负近海攻击、巡逻、监视和封锁任务。最初，该级艇由美国、联邦德国（西德）、意大利等国联合研制，后来，其他国家陆续退出，最终只有美国一个国家生产了这种导弹艇。

该级导弹艇在“图库姆卡里”号水翼炮艇基础上改进而成。“图库姆卡里”号水翼炮艇是美国海军大型导弹巡逻水翼艇，由美国波音公司制造。该级艇计划建造30艘，实际仅建造6艘，舷号依次为PHM1 ~ PHM6。首艇“飞马座”号，1973年5月9日开工，1974年11月9日初下水，1977年7月9日服役。1993年7月30日退役。6号艇“双子座”号，1980年5月13日开工，1982年2月17日下水，1982年11月13日服役，1993年7月30日退役。由于当时造价昂贵（6500万美元），且一些设备技术不可靠，美国海军曾一度宣布取消该级艇的后5艘建造计划，但后来在美国国会的干预下，接下来的5艘艇才得以建成。

该级艇采用全铝结钩，艇体为混合线形，采用全浸式自控双水翼、鸭式布局，没有安装传统的螺旋桨和舵，而是通过喷水推进系统喷水推进，首尾水翼能分别向前、向后上翻，具有航行阻力小、航速快、噪声低、油耗少、耐波性好等特点。在波高2.6 ~ 4米的海况下，该级艇可保持40节/小时的速度航行。

该级艇满载排水量259吨；艇长41米，水翼上翻时总长44.7米；艇首

水翼宽 8.5 米，艇尾水翼宽 14.5 米；排水航行时吃水 1.9 米，翼航时 2.7 米；排水航行时以 2 台柴油机为动力，功率 1600 马力，航速 12 节；翼航时以 1 台燃气轮机为动力，功率 18000 马力，航速 48 节；人员编制 21 人。

该级艇装备有对海搜索雷达、导航雷达、火控雷达、舰载作战指挥系统、卫星通信系统等电子设备，自动化程度高，一个人可同时使用火炮和导弹对空中和水上目标实施攻击。装备有 2 座 4 联装“鱼叉”反舰导弹发射装置，备弹 8 枚；1 座“奥托·梅莱拉”76 毫米舰炮。

主要参数			
满载排水量	259 吨	最大航速	48 节
艇　　长	41 米	编制人数	21 人（军官 4 人）
艇　　宽	8.5 米	续 航 力	700 海里 /40 节
吃　　水	1.9 米	主要武器	2 座 4 联装“鱼叉”反舰导弹，1 座 76 毫米舰炮

美国“飞马座”级“飞马座”号导弹艇

（六）德国“S143”级导弹艇

“S143”级导弹艇是德国海军装备的大型导弹攻击艇。该级艇始建于20世纪70年代，主要有143、143A型两个型号。

143型艇共建造10艘，分别是S61“信天翁”、S62“猎鹰”、S63“秃鹰”、S64“美洲鹫”、S65“雀鹰”、S66“狮鹫”、S67“大兀鹰”、S68“海鹰”、S69“鹰”、S70“鸬鹚”号，舷号依次为P6111～P6120。首艇“信天翁”号于1972年在吕尔森船厂正式开工建造，1973年10月下水，1974年12月建成，1976年11月1日服役。1977年7月18日，第10艘“鸬鹚”号建成服役。2005年12月，该型导弹艇全部退役。其中，S63、S65、S66、S68、S69、S70退役后卖给了突尼斯，S61、S64卖给了加纳。

德国“S143”级 143 型导弹艇

主要参数	
满载排水量	398 吨 143 型），390 吨（143A 型）
艇长	57.8 米（143 型），57.6 米（143A 型）
艇宽	7.8 米
吃水	2.6 米
最大航速	40 节
编制人数	40 人（143 型），34 人（143A 型）
续航力	700 海里 /40 节
主要武器	2 座 76 毫米舰炮（143A 型 1 座），4 座“飞鱼”舰舰导弹发射装置，1 座 21 单元“拉姆”防空导弹发射装置（143A 型），2 挺 MG50 机枪（143A 型）

143 型艇装有警戒 / 火控雷达、导航雷达、高频、甚高频和超高频无线电通信设备、有源和无源干扰系统等，并首次在快艇上安装有作战指挥控制系统；装备有 2 座 76 毫米高平两用舰炮，4 座“飞鱼”舰对舰导弹发射装置，2 具 533 毫米鱼雷发射管。

143A 型在 143 型的基础上改进而成，有人称其为“猎豹”级导弹艇。该型艇共有 10 艘，其中 7 艘由雷申船厂建造，3 艘由威奇萨克船厂建造，均以动物的名字命名，分别是 S71“猎豹”、S72“美洲狮”、S73“鼬”、S74“水貂”、S75“貂鼠”、S76“雪貂”、S77“獾”、S78“野猫”、S79“黄鼠狼”、S80“鬣狗”，舷号依次为 P6121 ~ P6130。首艇“猎豹”号于 1982 年 12 月 7 日服役，第 10 艘“鬣狗”号于 1984 年 11 月 13 日服役，10 艘艇均编入德国海军第 7 导弹艇中队。

该型艇艇体采用钢质结构，装备有 1 部 F11800S 型早期警戒系统、1 部 WM27 型警戒 / 炮瞄雷达、1 部 3RM70 型导航雷达和战斗情报系统，人员从 40 人减至 34 人。该型艇仍然保留 4 座“飞鱼”导弹发射装置和艇艏 1 座 76 毫米舰炮，但艇艉的 2 具 533 毫米鱼雷发射管和 1 座 76 毫米舰炮均被拆除，换装为 1 座 21 联装“拉姆”舰空导弹发射装置，因此，该型艇的对付低空、超低空飞机和来袭的反舰导弹的能力明显提高。

（七）芬兰“哈米纳”级导弹艇

“哈米纳”级导弹艇是芬兰海军最先进的导弹艇。该级艇始建于20世纪90年代后期，由芬兰图尔库的阿克尔造船厂建造。该级艇具有隐身性能好、机动能力强、武器配备全面等特点，是当今导弹艇家庭中独具特色的一款产品，享有北欧海上“精灵鱼”的美称。

该级艇共有4艘，分别是“哈米纳”“托尼尔”“汉科”“波里”号，舷号依次为FNS80 ~ FNS83，驻扎在芬兰乌平涅米港。首艇“哈米纳”号，1996年12月开始建造，1998年8月24日服役；2号艇“托尼尔”号，2001年2月15日开工建造，2003年5月12日服役；3号艇“汉科”号，2003年12月3日开工建造，2005年6月22日服役；4号艇“波里”号，2005年2月15日开工建造，2006年6月19日服役。

该级艇采用铝和轻质复合材料建造而成，艇体外形过渡圆滑，艇体和上层结构高度整合，两舷向外倾斜，上层建筑向内倾斜，反舰导弹发射装置藏于上层建筑，主炮塔也采用了隐身化设计，艇体外表还涂有与北欧海陆复杂地形相匹配的峡湾迷彩，该级艇可有效减少雷达波的散射，降低红外信号特征，具有极佳的隐身性能。

该级艇装备有战术作战数据系统、光电指挥仪、搜索雷达、火控雷达、导航雷达、主动高频声纳、拖曳阵低频声纳。装有6座RBS-15舰舰导弹发射装置，1部6联装“米斯特拉尔”舰空导弹发射装置，战斗部重3千克，

采用红外制导，射程 4 千米；1 座“博福斯”40 毫米火炮，6 座 103 毫米轨道式火箭照明弹发射架；2 挺 12.7 毫米机枪；1 座导轨式深水炸弹投放装置。

主要参数			
满载排水量	250 吨	最大航速	32 节
艇　　长	50.8 米	编制人数	26 人
艇　　宽	8.53 米	续 航 力	500 海里 /30 节
吃　　水	1.81 米	主要武器	6 座 RBS-15 舰舰导弹发射装置，1 部 6 联装“米斯特拉尔”舰空导弹发射装置，1 座“博福斯”40 毫米火炮，2 挺 12.7 毫米机枪，1 座导轨式深水炸弹投放装置

芬兰“哈米纳”级导弹艇

（八）挪威“盾牌星座”级导弹艇

“盾牌星座”级导弹艇，也称“盾牌”级导弹艇，是一种挪威自行设计的新型隐身导弹巡逻艇。该级艇由乌莫·曼达尔造船厂建造，具有速度快、目标特征小、外形尺寸小、武器系统先进等特点，是世界上最先进的巡逻艇之一。

该级艇建造6艘，分别是“盾”“风暴”“射击”“斯泰尔”“一瞥”“火花”号，舷号依次为P960～P965。首艇“盾”号，1997年8月4日开工，1998年9月22日下水，1999年4月17日服役；2号、3号艇于2008年服役；4号、5号、6号艇于2011年服役。由于吃水较浅，该级艇可以轻松地避开水雷，特别适合挪威的群岛和峡湾近海海域作战。

该级艇应用全新技术概念设计，具有极佳的隐身性能。艇身采用半气垫船、半双体船设计，安装有喷水推进系统；船体广泛采用纤维增强塑料、乙烯树脂、聚酯树脂、碳纤维和石墨等复合材料和雷达波吸收材料；艇的外表采用小平面技术，外观没有直角结构和很少的定向反射表面；采用表面嵌入式舱门和舱口，舷窗没有可见的围板（窗口边缘）且安装雷达反射屏蔽格网。

该级艇装备有1套Ceros200FC雷达和光电射击控制系统，该系统由1套雷达目标追踪系统、闭路电视摄像机、热像仪、电视追踪系统和激光测距仪组成，用于对导弹和舰炮实施射击控制；1套轻型Senit2000作战管理系统，可与11号和16号战术数据链共同操作，用于防空作战；1套MRR-3D-NG

多任务雷达和联合敌我识别系统，在监视模式下探测距离 180 千米，在自动防御模式下探测距离 70 千米，并可对威胁目标实施跟踪；1 套 CS-3701 战术雷达监视系统，用于电子支援和雷达告警接收；1 套 MASS 诱骗系统，最多可发射 32 枚全频谱火箭，用来对抗反舰导弹和制导火箭。

该级艇装备有 8 枚康斯堡公司的 NSM 反舰导弹，采用红外成像自动制导，射程大于 150 千米；1 座双联装“西北风”防空导弹发射装置；1 座“奥托·梅莱拉”76 毫米高平两用舰炮；2 挺 12.7 毫米机枪。

主要参数	
满载排水量	274 吨
艇长	47.5 米
艇宽	13.5 米
吃水	1 米
最大航速	60 节
编制人数	16 人
续航力	800 海里 /40 节
主要武器	8 枚 NSM“海军打击导弹”舰舰导弹发射装置，1 座“西北风”防空导弹发射装置，1 座“奥托·梅莱拉”76 毫米高平两用舰炮，2 挺 12.7 毫米机枪

挪威“盾牌星座”级导弹艇

（九）意大利“鹞鹰”级导弹艇

导弹艇从水上航行方式上可分为滑行艇和水翼艇。导弹水翼艇可贴着水面飞驰，航速更快，攻击能力更强，深受各国的喜爱，意大利“鹞鹰”级导弹水翼艇便是其中的佼佼者。该级艇于 20 世纪 70 年代初期由意大利自行建造，是当时西方国家第一艘高速对海攻击型水翼巡逻艇。

该级艇以美国海军 PGH-2“图库姆卡里”号试验水翼炮艇为基础，1970 年开始研究设计工作，1971 年 4 月开工建造。该级艇共有 7 艘，均以鹰的名字命名，舷号依次为 P420 ~ P426。首艇“鹞鹰”号，由意大利拉斯佩齐亚的阿里纳维造船厂建造，1971 年 4 月开工，1973 年 5 月 9 日下水，1974 年 7 月 15 日服役；第 7 艘“秃鹰”号，1980 年 3 月 21 日开工，1983 年 1 月 25 日下水，1984 年 4 月 7 日服役。其中，1 号、2 号艇已分别于 1991 年和 1996 年退役。

该级艇采用全浸式水翼系统，采用鸭式配置，在铝合金滑行艇体的基础上在艇艏和艇艉分别加装有水翼。艏水翼为单水翼，收起后放入专用凹槽；艉水翼有两个，收起后各向舷外侧上翻。艇的水翼控制系统造价较高，约占全艇造价的 30%。

该级艇尺寸较小，外观奇特，艇前部安装有 1 座 76 毫米紧凑型舰炮，艇中后部设有简单的上层建筑，上层建筑内设有驾驶室和作战指挥室，上层建筑顶部安装有搜索雷达、火控雷达及各种天线。主要电子设备有 NA10-3

型火控系统、3RM7-250 型搜索雷达和 RTN-10X 型跟踪雷达；武器装备主要有 1 座 76 毫米主炮，2 座单发“奥托马特”反舰导弹发射装置。

该级艇具有速度快、短时间内能迅速到达指定海区、海上逗留时间短等特点，并具有较为强大的水面打击能力，平时可承担反走私、打击海盗、维护捕渔权等任务，战时可担负沿海巡逻警戒、封锁交通要道、攻击敌方大型舰船和两栖部队等任务。

主要参数	
满载排水量	60.6 吨
艇　　长	22.95 米
艇　　宽	7.01 米
吃　　水	1.45 米（翼航），1.87 米（排水航行）
最大航速	50 节
编制人数	10 人（军官 2 人）
续 航 力	400 海里 /45 节（1050 海里 /8 节）
主要武器	1 座 76 毫米主炮，2 座单发“奥托马特”反舰导弹发射装置

意大利“鹞鹰”级导弹艇

（十）日本“隼”级导弹艇

“隼”级导弹艇是日本21世纪初期研制生产的一种新型导弹快艇。该级艇与P-3C巡逻机、通信卫星，以及日本自卫队地方队所属驱护舰只等一道，主要担负近岸巡逻、警戒任务，以及执行海上驱赶小型船只、海上临检等任务，并可配合大、中型水面舰艇执行反舰作战任务。

最初，日本计划建造18艘“隼”级导弹艇，准备平均分配给大凑、舞鹤及佐世保地方队，每个地方队6艘。后来，实际建造9艘，每个地方队装备3艘，按2/3战斗出动率计算，可一次出动6艘。作战时，以2艘导弹艇

主要参数			
标准排水量	200 吨	吃　　水	1.7 米
满载排水量	240 吨	最大航速	44 节
艇　　长	50.1 米	编制人数	21 人
艇　　宽	8.4 米	主要武器	2 座双联装 90 式反舰导弹发射装置，1 座单管 76 毫米“奥托·梅莱拉”舰炮，2 挺 12.7 毫米 M2 机枪

日本“隼”级导弹艇

编为1组对敌方中小目标进行攻击；以4艘艇编为1组，对敌方大型目标进行饱和攻击。

现有的6艘“隼”级导弹艇，舷号依次为PG824 ~ PG829，双艇同时开工、同时服役，但下水时间略有先后。首艇“隼”号、2号艇“若鹰”号，2000年11月9日开工，首艇2001年6月13日下水，2号艇9月13日下水，2002年3月25日服役；3号艇“大鹰”号、4号艇“雄鹰”号，2001年10月2日开工，3号艇2002年5月13日下水，4号艇8月13日下水，2003年3月24日服役；5号艇“海鹰”号、6号艇“白鹰”号，2002年12月11日开工，5号艇2003年5月21日下水，6号艇8月8日下水，2004年3月24日服役。

该级艇为双体型艇，采用轻质合金船体，外形简洁明快，上层建筑采用封闭式结构设计，艇的艏部分采用V线形的防浪设计，在许多部位采用具有一定隐身功能的菱形设计，前甲板上还首次装有76毫米隐身火炮，此外，还配有1艘可搭载10人的快艇。

该级艇装备有战斗情报处理系统、对海雷达、航海雷达、侦察雷达、红外线夜视装置、GPS卫星导航系统、火控系统等电子设备；装有2座双联装90式反舰导弹发射装置，导弹采用惯性制导加主动雷达制导，最大飞行速度0.9马赫，射程100 ~ 150千米，备弹4枚；装有1座单管76毫米“奥托·梅莱拉”主炮；另外，艇的两侧还分别装有1挺12.7毫米机枪。

三、导弹艇背后的故事

（一）“蚊子”吃掉“埃拉特”

1967年8月5日，以色列在美国的支持下，对阿拉伯国家发动了突然袭击。空中，以色列的空军以闪电式的空袭，一举摧毁了埃及、叙利亚的空军，夺取了制空权。地面上，以色列的机械化部队势如破竹，一直推进到苏伊士运河东岸。海上，失去了空中掩护的埃、叙海军，只得龟缩在港内，丝毫不敢越雷池半步。整个战争的主动权完全落入了以色列手中，短短六天，这场战争就以以色列的大胜，阿拉伯国家的惨败而告终。

但是，战争并未就此结束。面对以色列的嚣张气焰，埃及展开了不间断的消耗战。在埃及海军退居港口、保存实力的情况下，以色列海军如入无人之境，耀武扬威，横冲直撞。其2艘最大的舰艇之一的2500吨的“埃拉特”号驱逐舰更是不可一世，在埃及近海巡弋挑衅。

这种行为可令埃及海军怒火冲天。7月12日，2艘埃及鱼雷艇冲出塞得港，直捣“埃拉特”号。可惜由于仓促出阵，力量单薄，2艘鱼雷艇被“埃拉特”号轻而易举地击沉。

这次行动的失败更加激怒了埃及海军，他们在时时刻刻寻找着复仇的机会。3个月后，机会终于来了。10月21日下午，天气异常晴朗。“埃拉特”号驱逐舰在没有空中掩护的情况下，来到西奈巡逻。

得意忘形的以色列官兵误以为埃及已被彻底打败，埃及海军已不敢再出来应战。他们除少数官兵正在进行例行值勤外，大多数人都洋洋自得地聚集在甲板上谈笑玩耍，欣赏海景。令他们万万没有想到的是，此时此刻，2艘停泊在塞得港的埃及导弹艇，正在用先进的设备，连续不断地跟踪着“埃拉特”号，“埃拉特”号的灾难就要来临了。

17时30分，“埃拉特”号驱逐舰上的值勤人员发现从远处飞过来一架“小飞机”。

这架“小飞机”一直朝着“埃拉特”号驱逐舰飞来。这名水兵赶紧把情况报告给舰长。舰长一看，发觉情况不妙，立刻拉响了战斗警报。接着，舰长一边命令战舰全速前进，想躲开飞来的“小飞机”。可是，那架“小飞机”像是长了眼睛，死死地盯着“埃拉特”号飞行着。

“埃拉特”号驱逐舰舰长自恃火力强，不怕“小飞机”攻击。他命令所有的舰炮都朝着那架“小飞机”开炮射击。可是，这些炮弹根本打不着目标，那架“小飞机”照样朝着“埃拉特”号驱逐舰飞过来。

开始时，那架“小飞机”贴着海平面飞行，当快要飞到“埃拉特”号附近时，突然又拉起，向高处飞去。接着，“小飞机”灵巧地拐了一个弯，朝着“埃拉特”号一头猛扎下来。只听“轰隆”一声巨响，“埃拉特”号上的蒸汽机舱被炸毁。

原来，那架“小飞机”根本就不是什么飞机，而是苏制“冥河”式导弹。它是从埃及海军“蚊子”级导弹快艇上发射的。“埃拉特”号上的机舱被“冥河”式导弹炸烂，全舰的电子通信系统中断了。

接着，埃及的“蚊子”级导弹快艇上又发射来一枚“冥河”式导弹，非常准确地击中“埃拉特”号的机舱。“轰隆”一声爆炸过后，“埃拉特”号机舱内便燃起了熊熊烈火。“埃拉特”号立刻不能动弹了，在海面上慢慢漂浮着。

以色列官兵赶紧抛锚救火，修复破损的舰体。经过2小时的抢修，“埃拉特”号的通信系统恢复了正常，并和基地取得了联系。晚上7时，第3枚“冥河”式导弹从埃及海军“蚊子”级导弹快艇再次飞来。

这一次，这枚导弹直接命中“埃拉特”号驱逐舰的舰艉。随着舰艉慢慢下沉，整艘战舰头向上地竖立起来。很快，“埃拉特”号驱逐舰翻过身去，沉入海底。此战是世界海战史上导弹快艇的第一次战斗。埃及海军以3枚舰对舰导弹击沉1艘驱逐舰，创造了小艇吃掉大舰的奇迹。

（二）以色列“以牙还牙”雪前耻

以色列在吃了埃及导弹艇的亏以后，专门研究对付埃及“蚊子”导弹艇和“冥河”导弹的导弹艇与导弹，以报“埃拉特”号被击沉的一箭之仇。6年后，机会终于来了。

1973年10月6日，埃及、叙利亚等阿拉伯国家向被占领土上的以色列军队发起了攻击。这就是历史上著名的第四次中东战争（又称赎罪日战争）。埃及军队在猛烈的炮火掩护下，越过苏伊士运河，一举突破了以色列精心构筑的“巴列夫”防线。

在海上，一场前所未有的导弹艇交锋和电子对抗战也开始了。在这个战场上，埃及海军没有那么幸运了，他们在以色列海军面前一败涂地。

当时，埃及海军共有12艘“黄蜂”级导弹艇和6艘“蚊子”级导弹艇，叙利亚海军有3艘“黄蜂”级导弹艇和6艘“蚊子”级导弹艇。以色列海军则有14艘“萨尔”级导弹艇。就兵力数量而言，埃及、叙利亚方面略占优势，但就快艇性能、战斗力而言，以色列则略占优势。

10月6日~11日，以色列海军导弹艇与埃及和叙利亚导弹艇分别两次相遇，双方进行了猛烈的攻击。这是世界上首次导弹艇对导弹艇的海战。

10月6日下午2点左右，以色列5艘“萨尔”级导弹艇高速冲出海法港，向北进入叙利亚领海，以防止叙利亚海军对以色列海法等港口的袭击。

5艘以色列导弹艇到达叙利亚拉塔基亚港西南35千米处时，分成了两个战术群。当晚10时半左右，以色列艇队逼近叙利亚海岸。

这时，以色列导弹艇雷达突然发现在距其20千米处有1艘叙利亚海军的导弹艇。以军导弹艇迅速与其交火。就在这时，以色列导弹艇又发现了叙利亚的1艘扫雷艇，不久还发现叙利亚的1艘“黄蜂”级导弹艇和2艘“蚊子”级导弹艇正向他们接近。

原来叙军在此摆开阵势，以 1 艘导弹艇为前哨，扫雷艇为幌子，用 3 艘导弹艇从两翼攻击以艇队。以色列导弹艇立即还击。

11 时 20 分，以色列导弹艇和叙利亚导弹艇接近到 40 千米以内。这时，以艇已处在叙利亚导弹艇的“冥河”弹射程之内。以艇迅速散开，展开成战斗队形。叙艇见状，急忙发射“冥河”导弹。

以军导弹艇雷达指示采取规避行动，同时组织火炮拦截。只听到“扑通通”“轰隆隆”几声响，“冥河”导弹不是被击中，就是一头栽进大海。所有的“冥河”导弹无一命中目标。

这时，叙利亚导弹艇发现大势已去，想迅速撤离，但为时已晚。他们和以色列导弹艇的距离仅为 20 千米，早已进入以色列“迦伯列”反舰导弹的射程。随着一声声呼啸，“迦伯列”导弹一枚接一枚从以艇上飞出，贴着海面直扑叙利亚导弹艇。

叙艇雷达虽然发现有以色列导弹袭击，但信号顷刻间便消失在一片海浪回波之中，无法分辨。叙艇眼看就要大祸临头，只能硬着头皮盲目躲闪。可是事与愿违，“迦伯列”导弹像长了眼睛一样，喷着火光拦腰直击叙艇。一连数声巨响，3 艘叙利亚导弹艇转眼间沉到海底。这时已是 7 日凌晨零时 5 分。叙利亚的另外 1 艘导弹艇和 1 艘扫雷艇也被击沉。

在这场战斗中，交战双方都使用了舰对舰导弹和导弹艇，成为世界上首次使用导弹艇相互对抗的战斗。这场海战，叙利亚海军损失 1 艘“黄蜂”级、2 艘“蚊子”级导弹艇 ,1 艘 K-123 型导弹艇，1 艘 T-43 型扫雷艇，而以色列海军无一损失。

第十章　补给舰

一、补给舰概述

补给舰，英文名称 Replenishment Ship 或 Supply Ship，是一种专门对海上停泊和航行的舰艇进行油、水、弹药、军需食品、医疗器材和维修配件等物资补给的勤务舰船，是海上机动编队的一个重要组成部分，是作战舰艇远离基地作战和在海上持续执勤所不可缺少的伴随保障力量。

（一）补给舰的历史

海战出现以后，为了保证海上作战的需要，一些国家便利用商船，为作战舰只提供给养、淡水、弹药和物资器具等补给供应。公元前 415 年夏，由 30 艘商船组成的补给船队装载着谷物，搭载有面包师、石匠、木工，以及全套建筑要塞的工具，跟随雅典海军远征西西里。

17 世纪 ~ 19 世纪，随着大型帆船的问世，军舰的远航能力增强，海战规模扩大，需要物资的品种和数量增多。对军舰的保障内容除了给养和饮用水外，弹药已成为主要的补给品，同时，各种帆缆器材、新鲜食品的供应也日趋重要，后勤保障越来越受到重视。在此种情况下，海上作战舰队对后勤保障船只的依赖性增大，需要更多的运输补给船只随舰队航行。

公元 1588 年，西班牙“无敌舰队”在远征英国时，就派出 25 艘 300 ~ 700 吨的运输船，19 艘 70 ~ 100 吨的辅助船，共装载 12 万发实心炮弹，260 余吨火药和 6 个月的粮食，伴随舰队行动。

19 世纪上半叶，舰船进入蒸汽时代后，煤炭便成为当时数量最大的补给物资。为了保证煤炭的运输补给，运煤船相继出现，并开始在海上为作战舰艇进行补给。1899 年，美国“马格鲁斯”号煤船采用空中索道，对战列舰“马萨诸塞”号进行了补给煤炭实验，并获得了成功，从此开辟了海上航行补给的新纪元。

20世纪初期，随着柴油机的出现以及在舰船上的大量应用，煤炭逐渐被油料所代替，油船便应运而生。1905年，英国皇家海军的“石油”号成为了海军最早的油船。1906年，英国海军首次采用航行纵向拖带法加油，并取得了成功，为海上航行补给油料开辟了新路。

英国二战期间建造的Dale级补给舰

1925年，美国海军研制成功航行拖带橡胶软管的纵向加油法，使航行纵向加油前进了一大步。第二次世界大战中，由于飞机和航空母舰的大量使用，舰艇和飞机的用油量成倍增加。这一时期，一些大型快速油料运输船相继得到了发展，随之海上液货输送的各种系统和技术也得到了较快发展。

20世纪中期，随着武器装备的进一步发展，海上机动保障在海军后勤保障中的地位进一步上升，用于机动支援的补给船得到广泛应用，海上新型补给舰船发展受到高度重视。这一时期，补给船主要向多功能方向发展，从而使得作战舰艇只需与补给舰进行一次会合便可得到油料、弹药、食品、备件等全部补给品。如美国的“萨克拉门托”级补给舰集舰队油船、军火船和冷藏补给运输船三种功能于一身，一次补给基本上能够满足1个航母编队的需要。

（二）补给舰的分类

关于补给舰的分类，目前尚无统一的标准，通常是以补给舰所携带补给品的种类和所担负的使命任务及主要功能进行分类，大体分为综合补给舰和专业补给舰两大类。

综合补给舰可为作战舰艇一次性补给所需油水、弹药、粮食、备件等必需品，可大大缩短补给作业时间，是许多国家重点发展的补给舰种。专业补给舰也称单功能补给舰，按其携带补给品的种类不同，可分为油料补给船、油水补给船、弹药补给船、粮食补给船、军需补给船和航空器材补给船等。

目前，美国对补给舰主要区分为运煤船（Colliers）、弹药船或军火船（Amunition Ships，简称AE）、战斗物资船（Combat Stores Ships，简称AFS）、先进弹药干货船（Advanced Auxiliary Dry Cargo Ships，简称AKE）、舰队油船（Fleet Oilers，简称AO）、综合补给舰（Replenishment Oiler，简称AOR）、快速战斗支援舰（Fast Combat Support Ships，简称AOE）。

（三）补给方式

1. 纵向补给，就是补给舰在前，接受补给的舰只在后，补给舰在船尾抛下带有浮筒的软管，接受补给的舰只打捞起浮筒，接驳软管，然后进行补给工作。其优点是安全性高，两船一前一后，不易发生碰撞，技术要求低；但补给效率较低，每次只能为一艘船进行补给，因此这种补给方式正逐步被淘汰。

2. 横向补给，就是补给舰和接受补给的舰只齐头并进，从船舷（左舷或右舷）进行对接，然后进行补给工作。其优点是效率高，可同时为两艘船进行补给工作；但安全性低，操控稍有不慎极易发生碰撞，对操控技术要求高。

直升机进行垂直补给

3. 垂直补给，就是运用补给舰或接受补给的舰只上的直升机，从补给舰直升机平台上把补给品吊运至接受补给舰只的直升机平台上。其优点是两舰不用进行危险的近距离齐头并进操控，安全性高，补给速度快；但补给数量有限，一般用于运送急需的补给品；此外，垂直补给易受天气影响，在恶劣的天气下直升机无法作业。

（四）后勤补给舰的特点

一是船型较大。与一般作战舰艇相比，由于补给舰装载货物较多，因此，通常布置有宽大的货舱，外形“魁梧”，主尺度较大，排水量一般都在 1 万吨以上，有的可甚至高达 4 ~ 5 万吨。如美国“萨克拉门托”号，满载排水量为近 5.5 万吨，主尺度为 237 × 32 × 13（米）；苏联“别列津河”号的满载排水量为 35000 吨，主尺度为 212 × 26 × 11.8（米）。

二是补给设备齐全。为满足海上补给要求，补给舰上设置有各种干液货物储存装置设备，升降机、叉车等物资输转装置设备，纵向液货、横向干货、横向液货、垂直补给、锚泊并靠补给等设备，净化测量设备，货物输转控制设备，以及撇缆、距离显示、通信联络、信号显示等设备，各种设备一应俱全。

三是安全性能较好。补给舰底部通常有两层，这样做的目的不仅可以用来装载油水或做压载舱用，改善船舶航行性能；而且是当舰船发生触礁搁浅等事故发生时，即使外底板破损，内底板仍会起作用，阻止海水浸入船舱，以确保舱内货物和舰船的安全。

四是自持力和续航力较强。由于补给舰经常担负伴随补给任务，在海上停留时间较长，为此，其自持力一般为 30 ~ 90 昼夜，续航力一般为 5000 ~ 18000 海里。此外，为保证能够跟得上作战编队，其航行速度一般都在 20 节以上。

（五）补给舰的未来

一是提高综合补给能力。由于综合补给舰具有补给速度快、补给效率高等特点，从而可以有效缩短补给时间，提高作战舰艇的海上机动性能。因此，受到越来越多的国家的高度重视，成为竞相发展的重点。

二是功能将向多用途化方向拓展。为了提高舰船的利用率和经济效益，补给舰的功能将进一步拓展，除主要担负海上干、液货物资补给任务外，还将担任海上编队的指挥舰，以及海上战损抢修、海上救援等多项保障任务。

三是进一步提高速度。由于补给舰与作战舰艇在航速上存在一定差距，因此，这一问题往往成为制约作战舰艇快速机动的“瓶颈”。为此，许多国家将进一步应用最新技术，如研发气垫式补给舰，想方设法提高补给舰的航行速度。

四是增强补给舰的自卫能力。为了提高补给舰的生存能力并减少护航兵力，通过加装舰炮、防空导弹、反舰导弹、电子对抗和干扰装置，以及采用舰载直升机反潜等方式增强自身的防卫能力已经成为一种趋势。

二、经典补给舰

（一）美国“萨克拉门托”级综合补给舰

“萨克拉门托”级综合补给舰是美国于20世纪60年代开始建造的大型综合补给舰，也是世界上首级综合补给舰。该舰集一艘油船、一艘军火船和一艘军需船功能融为一身，伴随航母特混舰队一起活动，负责向舰队提供燃油、弹药、粮食、备品等后勤保障。

该级舰共有4艘，分别为“萨克拉门托”号（Sacramento，舷号AOE1）、“坎登”号（Camden，舷号AOE2）、“西雅图”号（Seattle，舷号AOE3）和“底特律”号（Detroit，舷号AOE4），原计划建造的第5艘（舷号AOE5）于1968年取消。除“坎登”号由纽约造船厂建造外，其余3艘均由普吉特海峡海军船厂建造。

“萨克拉门托”号于1961年6月30日开工，1963年9月14日下水，1964年3月14日服役，2004年10月1日退役；“坎登”号于1964年2月17日开工，1965年5月29日下水，1967年4月1日服役，2005年10月14日退役；“西雅图”号于1965年10月1日开工，1968年3月1日下水，1969年4月5日服役，2005年3月15日退役；“底特律”号于1966年11月29日开工，1969年6月21日下水，1970年3月14日服役，2005年2月17日退役。

该级舰上层建筑分别设在船前、后两个部分，前部为驾驶室、军官住舱、医院，后部为士兵住舱、火控室、机库。前、后上层建筑之间为补给作业区，

船尾设有直升机平台，搭载2架CH-46E“海上骑士”直升机用于垂直补给。

01甲板为全平式补给甲板，货物集散区位于此甲板。02甲板为绞车甲板，所有绞车控制站分设在甲板的左右两边。该级舰共有3个货舱，中间货舱装载干货和弹药，两边货舱装载燃油，可装载177000桶燃油以及2150吨弹药、500吨干货、250吨冷冻货。

船上共有6个补给门架、7个干货补给站、6个液货补给站，以及3个双软管燃油接受站、5个单软管燃油接受站，配有2部5吨起重机和1部15吨起重机，可同时进行干、液货补给。

一般干货通过升降机、输送机、叉车等机械设备搬运。为方便货物搬运集散，集散区采用遮盖式，两边各设5扇大门通往各补给站，从集散区到直升机平台设有叉车通道，可将货物直接运到直升机平台，用于垂直补给。输油软管直径178毫米，单管油料作业速度约500吨/小时。

舰上装有1部对空搜索雷达、1部对海搜索雷达、1部导航雷达、1套战术导航系统、2部火控雷达、1座干扰火箭发射器、1套电子战系统，2座MK15型20毫米“密集阵”近程武器系统、4挺12.7毫米机枪、1座MK29型八联装北约“海麻雀”舰对空导弹发射装置。

主要参数			
轻载排水量	19187 吨	最大航速	30 节
满载排水量	54867 吨	最大航程	10000 海里
舰　　长	243 米	编制人数	602 人（其中军官 34 人）
舰　　宽	33 米	主要武器	2 座 20 毫米近程武器系统，1 座八联装“海麻雀”舰对空导弹发射装置，4 挺 12.7 毫米机枪
吃　　水	12 米	舰 载 机	2 架 CH-46E 直升机

美国“萨克拉门托”级补给舰“萨克拉门托”号

（二）美国“威奇塔”级补给舰

“威奇塔”级补给舰是美国20世纪60年代末期开始建造的一款小型综合补给舰。该级舰由“萨克拉门托”级快速战斗补给舰改进而来，体型较小，造价更低，可以快速为水面作战舰艇补给油料、炮弹、导弹、鱼雷、冷冻以及干鲜食品等货物。

该级舰共有7艘，分别为“威奇塔”号（Wichita）、“密尔沃基”号（Milwaukee）、“堪萨斯市”号（Kansas City）、“萨凡纳”号（Savannah）、“沃巴什”号（Wabash）、“卡拉马祖”号（Kalamazoo）、“罗阿诺克”号（Roanoke），编号依次为AOR1～AOR7，其中前6艘由通用动力昆西船厂建造，第7艘由国家钢铁造船公司建造。

首舰“威奇塔”号于1966年6月16日开工，1968年3月16日下水，1969年6月7日服役，1993年3月12日退役。2号舰“密尔沃基”号于1966年11月29日开工，1969年1月1日下水，1969年11月1日服役，1994年1月27日退役。3号舰“堪萨斯市”号于1968年4月20日开工，1969年6月28日下水，1970年6月6日服役，1994年10月7日退役。

4号舰“萨凡纳”号于1969年1月22日开工，1970年4月23日下水，1970年12月5日服役，1995年7月28日退役。5号舰“沃巴什”号于1970年1月21日开工，1971年2月6日下水，1971年11月20日服役，1994年9月30日退役。6号舰“卡拉马祖”号于1970年10月1日开工，

1972 年 11 月 1 日下水，1973 年 8 月 11 日服役，1996 年 8 月 16 日退役。7 号舰“罗阿诺克”号于 1974 年 1 月 19 日开工，1974 年 12 月 7 日下水，1976 年 10 月 30 日服役，1995 年 10 月 6 日退役。

该级舰可载 16 万桶燃油，600 吨弹药，200 吨干货和 100 吨冷冻货物。由于该舰主要装载的是油料，美军有时又将其称为补给油船。舰上共有 5 个补给门架，11 个补给站（液货补给站 7 个、干货补给站 4 个）。其中，4 个恒压补给点和 2 个恒压补给点分别向左舷输送油料和固体物资，同时有 3 个恒压补给点和 2 个恒压补给点分别向右舷输送油料和固体物资。

该级舰虽然舰龄较老，但其性能至今尚未落后，仍然是世界上补给能力最强的远洋综合补给舰之一。该级舰长 201 米，舰宽 29 米，吃水 10.6 米，轻载排水量 13533 吨，满载排水量 40151 吨，装有 2 台蒸汽轮机、3 台锅炉，最大航速 20 节，续航力 6500 海里 /19 节（10000 海里 /16 节）。舰艉设有 1 个直升机平台，可搭载 2 架 CH-46“海上骑士”直升机，用于垂直补给，但除最后 1 艘罗阿诺克号外，其余各舰并未设有直升机机库。

舰上装备 1 部 SPS-1OF 对海搜索雷达，1 部 SPS-58 雷达（除“威奇塔”号外）、1 部 Mk23TAS 对空搜索雷达，2 部 Mk76 型火控雷达（除“威奇塔”号外），1 部 LN 66 导航雷达，1 部 SLQ-32（V）3 电子监视系统，1 座 Mk36 干扰弹发射器，1 部 URN-25 或 SRN-15“塔康”导航系统，2 座 20 毫米“密集阵”近程武器系统，1 座 8 联装北约“海麻雀”舰对空导弹发射装置。

美国“威奇塔”级补给舰“威奇塔”号

主要参数			
轻载排水量	13533 吨	最大航速	20 节
满载排水量	40151 吨	最大航程	10000 海里
舰　　长	201 米	编制人数	463 人（其中军官 34 人）
舰　　宽	29 米	舰 载 机	2 架 CH-46 直升机
吃　　水	10.6 米	主要武器	2 座 20 毫米“密集阵”近程武器系统，1 座 8 联装北约“海麻雀”舰对空导弹发射装置

（三）美国“供应”级补给舰

“供应”级综合补给舰是美国于20世纪80年代末期开始建造的综合补给舰。该级舰在“萨克拉门托”级补给舰的基础上改进而成，是美国海军最新一级快速战斗支援舰，主要用于伴随航空母舰编队海上行动，为其提供多种补给品。

该级舰共有4艘，分别为“供应”号（Supply，舷号AOE6）、“雷尼尔”号（Rainier，舷号AOE7）、“北极”号（Arctic，舷号AOE8）和“桥”号（Bridge，舷号AOE10）。4艘补给舰均由美国国家钢铁和造船公司建造。

“供应”号于1989年2月24日开工，1990年10月6日下水，1994年2月26日服役；“雷尼尔”号于1990年5月31日开工，1991年9月28日下水，1995年1月21日服役；“北极”号于1991年12月2日开工，1993年10月30日下水，1995年9月11日服役；“桥”号于1994年8月2日开工，1996年8月24日下水，1998年8月5日服役。

该级舰采用全焊接平甲板结构，斜艏柱带球鼻型艏，方艉。上层建筑分设在船前、后部；补给装置位于舰体中部；艉部设有直升机甲板和机库，可携带3架UH-46E“海上骑士”直升机，用于垂直补给。

舰上共有4个干货舱，可载燃料15.6万桶、弹药1950吨、冷冻品400吨、普通货物250吨、淡水2万加仑。为方便货物装卸，舰上配有4座10吨吊车、

2台升降机、6个横向干货补给站、5个横向燃油补给站、1个横向干货接受站、3个双软管横向燃油接受站。

该级舰采用标准横向补给系统，补给速度快、补给量大，通常能在4～6级海情下进行补给，工作效率高。例如，在航空母舰接受同等重量物资补给时，如果使用单一物品补给船补给时间为10～12小时，而“供应”级仅为3～4小时，可减少7～8小时。1艘“供应”级补给舰一次可为搭载一支完整飞行联队的1艘常规动力航母和3艘导弹巡洋舰、驱逐舰提供全部的后勤支援，可保障这些舰艇连续航行1万海里、舰载机飞行4000小时。

该级舰装备有2座MK15型20毫米“密集阵”近程武器系统、2座MK88型25毫米炮、4挺12.7毫米机枪和1座MK29型8联装北约“海麻雀”舰对空导弹发射装置。其中，“海麻雀”舰对空导弹是一种全天候近程、低空舰载防空导弹武器系统，最大射程22千米，拦截高度150～3000米，最大速度2.5马赫，可对付低空飞机、直升机及反舰导弹。

舰上装有1部MK23TAS对空搜索雷达、1部SPS67对空/海搜索雷达、1部SPS64（V）9导航雷达、1部URN25TACAN空中战术导航雷达、2部MK95火控雷达，1套AN/SLQ-32（V）3电子战系统，4座MK36六管SRBOC“超速散放箔条”布撒器和1套AN/SLQ-25A“水精”鱼雷诱饵。其中，“超速散放箔条”布撒器可发射箔条弹或红外弹，最大射程4千米，1枚箔条弹的雷达反射面积可掩护1艘护卫舰，1枚红外弹的红外辐射强度可以模拟1艘大型舰船。

主要参数			
轻载排水量	19700 吨	最大航速	25 节
满载排水量	49600 吨	最大航程	6000 海里
舰　　长	229.7 米	编制人数	707 人（其中军官 40 人）
舰　　宽	32.6 米	舰 载 机	3 架 MH-60 直升机
吃　　水	11.7 米	主要武器	2 座 20 毫米“密集阵”近程武器系统，1 座 8 联装北约“海麻雀”舰对空导弹发射装置，2 座 25 毫米舰炮，4 挺 12.7 毫米机枪

美国“供应”级补给舰“供应”号

（四）美国“基拉韦厄”级弹药补给船

“基拉韦厄”级是美国于20世纪60～70年代建造的弹药补给船，主要用于向航空母舰战斗群运送过导弹、航空炸弹以及其他军需品。

该级船计划建造13艘，实际建造8艘，分别为“基拉韦厄”号（Kilauea，编号AE-26）、“尤特”号（Butte，编号AE-27）、“圣巴巴拉”号（Santa Barbara，编号AE-28）、“胡德山”号（Mount Hood，编号AE-29）、“弗林特”号（Flint，编号AE-32）、“沙斯塔”号（Shasta，编号AE-33）、“贝克山”号（Mount Baker，编号AE-34）、“基什卡”号（Kiska编号AE-35）。

“基拉韦厄”号由通用动力公司建造，1966年3月10日开工，1967年8月9日下水，1968年8月10日服役，1980年10月1日交由军事海运司令部，2012年7月24日作为靶船被澳大利亚“法恩科姆”号潜艇击沉。“尤特”号由通用动力公司建造，1966年7月21日开工，1968年12月14日服役，2006年7月3日作为靶船被美军击沉。

“圣巴巴拉”号由伯利恒钢铁公司雀点船厂建造，1966年12月20日开工，1970年7月11日服役，1998年9月30日交由军事海运司令部，2005年8月3日退役，2007年作为废铁出售。“胡德山”号由伯利恒钢铁公司雀点船厂建造，1967年5月8日开工，1971年5月1日服役，1999年8月10日退役，与其他7艘不同的是，“胡德山”号是唯一一艘没有交给军事海运司令部的弹药补给船。

“弗林特”号由英格尔斯造船厂建造，1969年8月4日开工，1971年11月20日服役，1995年8月4日交由军事海运司令部。“沙斯塔”号由英格尔斯造船厂建造，1969年11月10日开工，1972年2月4日服役，1997年10月1日交由军事海运司令部，2011年4月29日退役。

“贝克山”号由英格尔斯造船厂建造，1970年10月5日开工，1972年7月22日服役，1996年12月18日交由军事海运司令部，2010年8月2日退役。“基什卡”号由英格尔斯造船厂建造，1971年4月8日开工，1972年12月6日服役，1996年8月1日交由军事海运司令部，2011年1月15日退役。

该级军火船拥有2个冷冻舱，可携带油料2500吨，1699立方米干货区可装载6000吨弹药。船上装有7套补给站，其中4套位于左舷，3套位于右舷。船尾上层建筑内拥有1个长15.24米、宽4.72～5.33米的机库，可以停放2架CH-46D“海上骑士”直升机。该机是美国海军的标准垂直补给飞机，机内可携带物资1361千克，外部吊索可携带4536千克。

该级船上装有1部SPS-10对海搜索雷达、1部卫星通讯系统、1部SLQ-32（V）1电子监视系统、1座Mk36干扰弹发射器。最初，一些船上装有4门双联装76.2毫米高炮，以及2部20毫米“密集阵”近战防御武器系统，还有部分船上只安装有2部20毫米“密集阵”近战防御武器系统，转交军事海运司令部后所有武器装备全都拆除。

美国“基拉韦厄”级弹药补给船“弗林特”号

主要参数			
轻载排水量	11915 吨	最大航速	20 节
满载排水量	20169 吨	编制人数	403 人
舰　　长	171 米	舰 载 机	2 架 CH-46 直升机
舰　　宽	25 米	主要武器	4 座双联装 76.2 毫米高炮（后改为 2 座），2 座 8 联装北约“海麻雀”舰对空导弹发射装置
吃　　水	9.4 米		

（五）美国“亨利·J. 凯泽”级油料补给船

“亨利·J. 凯泽”级是美国 20 世纪 80 年代按商用标准开始建造的一款油船，由美国阿冯达尔船厂和宾夕法尼亚船厂建造。作为海军航行补给船队的主要燃油补给船，该级船主要穿梭于基地港口至舰队之间，为航母战斗群提供油料补给，以及为“萨克拉门托”级和“供应”级补给舰进行再补给。

20 世纪 70 年代中期，美国海军提出建造 15 艘“锡马隆”级油料补给船，用以替换二战时期建造的老旧油船，但国会只批准了 5 艘，而且该级船载油量只有 120000 桶。1982 年 11 月，美国海军与阿冯达尔船厂签订合同，决定生产载油量更大的油船。

1984 年 8 月首艘船“亨利·J. 凯泽”号开工；1986 年 12 月 19 日交付海军服役。该级船共建造 18 艘船，分别是“凯泽”号、“汉弗莱斯”号、“伦索尔”号、“希金斯”号、“伊舍伍德”号、“埃克福德”号、“迪尔”号、“埃里克森”号、“格鲁门”号，“卡诺瓦”号、“佩科斯”号、“大霍恩”号、“蒂珀卡努”号、“瓜达卢佩”号、“帕图克森特”号、“育空”号、“拉勒米”号、“拉帕汉诺克”号，编号依次为 AO187 ~ AO204。

然而，“亨利·J. 凯泽”级油船的建造工作并不顺利。首先，首舰“凯泽”号遇到了高速振动等一些初期问题；其次，“伊舍伍德”号和“埃克福德”号在佩恩造船厂建造期间，由于该船厂宣告破产，建造工作被迫转交给坦帕造船公司，由于工期延误，1993 年合同无效，这 2 艘尚未建成的油船

于 1997 年和 1998 年分别退役；后来，计划为“帕图克森特”号、“拉腊米”和“拉帕汉诺克”号安装双壳艇体，但耽误了时间，而且最后这 3 艘船的载货能力减少了 17%。

“亨利·J. 凯泽”级油船按商用油轮标准设计，斜艏柱带有球鼻艏，方艉，有艏楼，二层连续甲板，由 13 个主舱壁横向分隔，货舱由二个纵舱壁进一步分隔，上层建筑设在后部；补给装置设在中部，共有 5 个燃油补给站（左舷 3 个、右舷 2 个）、2 个干货补给站（左、右舷各 1 个）；桥楼、居住舱室、机舱均布置在后部；艉部有直升机甲板、无机库，船上不带直升机。

该级船干货区面积为 687.4 平方米，可以容纳 128 个冷冻食物货盘；常规的载货能力为 180000 桶燃油或航空燃料，最后 3 艘（双壳艇体）减少为 159000 桶。该级船可以同时为 2 艘舰船补给燃料，每小时油料作业量柴油 3406860 升或航空燃料 2044116 升，作业过程可通过计算机进行管理和监控，船上携带的燃油可以对航母战斗群进行 3 次燃油补给。

“亨利·J. 凯泽”级的艏楼后端有 1 个小的干货舱，桥楼的前端可储放 8 个冷冻货物箱。主甲板上面有一个连续的上甲板，上甲板设置为无障碍区，储存在艏楼干货舱的干货可以通过铲车运到中部干货传送站，经上层建筑内中央通道可运到艉部直升机甲板，用于直升机垂直补给。

美国“亨利·J. 凯泽”级油料补给船“大霍恩”号

主要参数			
轻载排水量	9500 吨	最大航速	20 节
满载排水量	42382 吨	最大航程	6000 海里
舰　　长	206 米	编制人数	103 人（其中军人 21 人）
舰　　宽	29.69 米	舰 载 机	可停放 1 架 CH-46 直升机
吃　　水	11 米	主要武器	战时可加装 2 座 20 毫米“密集阵”近程武器系统

（六）美国“路易斯和克拉克”级干货弹药补给船

“路易斯和克拉克”级是美国21世纪初期为美国军事海运司令部建造的一级多功能干货补给船。该级船由美国通用动力国家钢铁与造船公司建造，用于替代已接近退役的“火星”和“天狼星”级战斗补给船以及任务单一的“基拉韦厄”级弹药补给船。

作战过程中，该级船既可作为短程穿梭运输船使用，承担穿梭补给任务；还可与补给油船配合使用，承担作战储备船的任务；也可直接为海军编队提供海上航行补给，对海上航行的航母编队与远征打击群提供弹药、食品、干货、备件、饮用水和燃油等物资，用于支持编队在海上的持续行动。

该级船共建造14艘，分别为“路易斯和克拉克”号（Lewis and Clark）、“萨卡加维亚”号（Sacagawea）、“艾伦·谢波德”号（Alan Shepard）、“理查德·E.伯德”号（Richard E. Byrd）、“奥伯特E.佩里”号（obert E. Peary）、“埃尔·哈特”号（Amelia Earhart）、“卡尔·布拉希尔”号（Carl Brashear）、“沃利·施艾拉”号（Wally Schirra）、“马修·佩里”号（Matthew Perry）、“查尔斯·德鲁”号（Charles Drew）、“华盛顿·钱伯斯”号（Washington Chambers）、“威廉·麦克莱恩”号（William McLean）、“梅格·艾佛斯”号（Medgar Evers）、“塞萨尔·查韦斯”号（Cesar Chavez），舷号依次为AKE-1 ~ AKE-14。

首船“路易斯和克拉克”号于2004年3月23日开工，2005年5月21

日下水，2006 年 6 月 20 日服役。从 2006 年以后，其余各船基本上以每年 2 艘的速度下水和交付部队使用。第 14 艘“塞萨尔·查韦斯”号于 2011 年 5 月 9 日开工，2012 年 5 月 5 日下水，2012 年 10 月 24 日开始服役。

该级船采用单桨单舵、球鼻艏、艉机船型，船长 210 米，宽 32.3 米，吃水 9.3 米，航速 20 节时续航力 14000 海里。船上共有 2 个多用途干货 / 弹药舱（22000 立方米），1 个冷藏舱（6555 立方米），3 个特种设备和维修备件舱（5075 立方米），5 个燃油舱和 1 个溢油舱（容积 2900 立方米），2 个淡水舱（液货舱总容积 3729 立方米），货物转运间 2752 立方米，车间及储藏室 2574 立方米，可装载干货和弹药 6005 吨、油料 18000 桶（2390 吨，其中柴油 10500 桶、JP5 航空燃料 7500 桶）、200 吨淡水。

主甲板设补给物资转运区，补给物资输转通道贯通全船，01 甲板可用来堆放补给集装箱。左舷设 3 个横向干货补给站，1 个横向液货补给站；右舷设 2 个横向干货补给站，1 个横向液货补给站；船艉设 1 个垂直补给站，设有飞机起降平台和机库，可搭载 2 架 CH-46 补给直升机或民用直升机。

船上共有 4 台 5 吨起重机，用于码头和锚泊补给；8 部货物升降机，用于补给物资的输转。船上配备 123 名文职船员，可搭载 1 个由 11 名海员组成的军事分遣队，负责战时补给和补给协调的任务，在必要时可搭载 1 个由 39 名军事人员组成的直升机分队。

美国“路易斯和克拉克”级“路易斯和克拉克”号干货船

主要参数			
轻载排水量	23852 吨	最大航速	20 节
满载排水量	40298 吨	编制人数	军人 50 人，民事人员 123 人
舰　　长	210 米	最大航程	14000 海里
舰　　宽	32.3 米	舰 载 机	2 架 CH-46 直升机
吃　　水	9.3 米	主要武器	2 挺六管 12.7 毫米（或 7.62 毫米）机枪

（七）英国“维多利亚堡”级综合补给舰

“维多利亚堡”级是英国海军的第一级综合补给船。该级船由英国国防部 / 斯旺·亨特造船公司设计，由哈兰·沃尔夫船厂和斯旺·亨特造船公司建造，主要用于向特混舰队提供燃油、航空燃油、弹药、食品、备品等各种消耗品，以及向舰队提供直升机支援。

英阿马岛战争期间，英军发现许多驱逐舰、护卫舰的弹药消耗量相当大，在每次补给燃油的同时还需要进行弹药补给，由于当时没有兼具油料和弹药补给能力的综合补给船，作战舰艇至少要与 2 艘补给船会合才能获得所需的全部补给品。为了减少补给时间，提高补给效率，英国国防部决定仿效美国、法国、意大利等国的综合补给船概念，建造一级新型补给船。

1983—1984 年，英国国防部 / 斯旺·亨特造船公司开始了初步设计研究；1985 年 10 月，完成最终设计。1986 年 4 月 23 日，英国国防部与哈兰·沃尔夫船厂签订第 1 艘船建造合同；1987 年 12 月 18 日，与斯旺·亨特造船公司签订第 2 艘建造合同。

“维多利亚堡”级原计划建造 6 艘，现建成 2 艘，分别是“维多利亚堡”（Fort Victoria）号和“乔治堡”（Fort George）号。其中，首舰“维多利亚堡”号，舷号 A387，1988 年 4 月 4 日开工，1990 年 6 月 12 日下水，1994 年 6 月 24 日服役；编号 A387；2 号舰“乔治堡”号，舷号 A388，1989 年 3 月 9 日开工，1991 年 3 月 1 日下水，1993 年 7 月 16 日服役，2011 年 4 月退役。

“维多利亚堡”级的船体采用全焊接钢结构，斜艏柱带球鼻艏，方艉，庞大的艏部上层建筑，长尾楼，二层连续甲板，主甲板以下由 15 个横舱壁隔开，完整的双层底用来装载柴油、淡水和压载水等。每艘补给船可以运输 12505 立方米的油料、润滑油、淡水等液态货物，以及 6234 立方米的弹药、冷冻食品等固态货物。

补给装置位于前、后上层建筑之间，中部设 2 个补给门架，左右舷共 4 个干、液货双用横向补给站，尾部飞行甲板下面有 1 个纵向补给站，可补给燃油。尾部直升机平台可进行垂直补给。装有 1 部 25 吨起重机、2 部 10 吨起重机和 2 部 5 吨起重机。25 吨起重机位于机库右舷，用于直升机垂直补给，10 吨和 5 吨起重机设在补给甲板两舷前后。

舰上配有完备的航空设施，机库内可容纳 3 架直升机，备有直升机维修设备。飞行甲板上有 2 个直升机起降区，可同时操作 2 架直升机，紧急情况下，可以停放“海鹞”式短距垂直起降飞机。机库顶部右舷设有直升机控制站。船上搭载的反潜直升机可直接参与舰队反潜行动，用于对潜艇进行探测、定位和攻击。

该级舰拥有较为充裕的居住舱室，居住条件较好。舰上共有 95 名皇家舰队辅助船队船员、15 名海军人员、24 名文职仓库人员以及 154 名航空空勤人员（含 28 名军官）混合组成。其中，辅助船队船员负责操船和海上补给活动，海军人员负责操作和维修武器系统和直升机。

舰上装有 1 部 996 型三坐标对空搜索雷达、1 部 1007 型导航雷达、1 部

UNCLEUSE/F 波段飞机管制雷达、1 套 182 型拖曳式鱼雷诱饵、4 座“盾牌”干扰火箭发射装置或 4 座 6 管“海蚊”120 毫米干扰火箭发射装置，2 座 30 毫米舰炮，2 座 20 毫米“密集阵”近防系统。

主要参数			
满载排水量	31565 吨	最大航速	20 节
舰长	203.9 米	编制人数	288 人
舰宽	30.4 米	主要武器	2 门 20 毫米舰炮，2 座近防武器系统
吃水	9.7 米	舰载机	5 架“海王”直升机（其中 3 架停放于机库）

英国“维多利亚堡”级综合补给舰“维多利亚”号

（八）法国“迪朗斯河”级远洋综合补给舰

“迪朗斯河”级是法国自行设计建造的综合补给舰。按照法国海军的设计要求，该级舰集多种后勤支援功能于一身，主要担负海军特混舰队航行补给任务，用于向舰艇提供燃油、航空油、弹药、食品和备件。

法国海军是一支远洋海军，20 世纪 70 年代以前，法国只有 2 艘 20 世纪 60 年代由运输油轮改装的油料补给船，为了保卫近海和海外领地的安全，保证海上交通运输线的安全以及护航、护渔等需要，70 年代初法国海军提出开始研制新型补给船用来支援舰艇的远洋活动。

该级舰共有 5 艘，分别为“默兹河”号（Meuse，编号 A607）、“瓦尔河”号（Var，编号 A608）、“迪朗斯河”号（Durance，编号 A629）、“马恩河”号（Marne，编号 A630）和“索姆河”号（Somme，编号 A631）。其中，第 1 ~ 4 艘船由布雷斯特海军船厂建造，第 5 艘船由诺曼底船厂建造。

首舰“迪朗斯河”号 1973 年 12 月 12 日开工，1975 年 9 月 6 日下水，1976 年 12 月 1 日服役，1999 年卖给了阿根廷；2 号舰“默兹河”1977 年 6 月 2 日开工，1978 年 12 月 2 日下水，1980 年 8 月 2 日服役；3 号舰“瓦尔河”1979 年 5 月 8 日开工，1979 年 5 月 9 日下水，1983 年 1 月 29 日服役；4 号舰“马恩河”号 1982 年 8 月 4 日开工，1985 年 2 月 2 日下水，1987 年 1 月 16 日服役；5 号舰“索姆河”号 1985 年 5 月 3 日开工，1987 年 10 月 3 日下水，1990 年 3 月 7 日服役。该级舰除担负海上补给任务外，还可作为旗舰使用。

该级舰采用球鼻艏、方艉，设有艏楼、桥楼，补给装置位于中部，船尾设有直升机平台和机库，可搭载 1 架 MK2/4 型“大山猫”直升机。该级舰可携带柴油 10000 吨、航空油料 500 吨、淡水 300 吨、食品 170 吨、弹药 150 吨、备品 50 吨。

弹药储存在 3 个中间舱内，配置 1 部 3 吨升降机用于弹药运输。其它干货储存在舷边 6 个舱室，其中 4 个为冷藏货舱，有 2 部 1 吨升降机用于货物运输。干货装在货盘内使用叉车运输。船体中部设 2 个补给门架，左右舷共有 4 个横向补给站，用以输传干 / 液货。尾部设有 2 个纵向补给站用于传送液货。

该级舰装有 1 套“锡拉库斯”卫星通信系统，用于海上指挥控制。此外，还装有 2 部 DRBN-32 或 DRBN-34A 导航雷达以及 DR-2000 电子对抗系统和 SLQ-25 拖拽式鱼雷诱饵等电子装置。舰上武器主要包括 1 门 40 毫米舰炮，2 门 20 毫米舰炮，2 挺“勃朗宁”M-2HB 型 12.7 毫米机枪，3 座双联“西北风”舰空导弹近防系统。

为了突出该舰的多用性，除执行航行补给外还要求每艘船能够搭载 75 名突击队员，备有突击队员居住舱室，以供快速展开部队突击队员使用。为此，舰上还备有 1 艘 LCVP 登陆艇、1 艘 9 米长的快艇和 2 艘充气快艇。

改名为阿根廷“巴塔哥尼亚”号的“迪朗斯河”号

主要参数			
轻载排水量	7800 吨	最大航速	19 节
满载排水量	18000 吨	最大航程	9000 海里
舰长	157.2 米	编制人数	169 人
舰宽	21.2 米	主要武器	1 门 40 毫米舰炮，2 门 20 毫米舰炮，2 挺“勃朗宁”M-2HB 型 12.7 毫米机枪，3 座双联“西北风”舰空导弹近防系统
吃水	10.80 米	舰载机	1 架“大山猫”直升机

（九）日本“十和田”级补给舰

“十和田”级补给舰是日本在“相模”级基础上发展的第三代补给舰，是日本海上自卫队装备的油料和弹药综合补给舰。为了减少研制风险以及加快研制进度，“十和田”级基本上沿用了“相模”号补给舰的总体布局，不过其战术技术性能得到全面改善。

该级舰共有3艘，分别为“十和田”号（とわだ/Towada）、“常磐”号（ときわ/Tokiwa）、“滨名”号（はまな/Hamana），编号依次为AOE-422、AOE-423、AOE-424，基地分别位于吴、横须贺、佐世保。其中，1号舰和3号舰由日立造船舞鹤工场建造，2号舰由石川岛播磨公司（现为IHI株式会社）东京工场建造。

首舰“十和田”号，1985年4月17日开工，1986年2月6日下水，1987年3月24日服役；2号舰“常磐”号，1988年5月12日开工，1989年3月23日下水，1990年3月12日服役；3号舰“滨名”号，1988年7月8日开工，1989年5月18日下水，1990年3月29日服役。

该级舰采用短艏楼舰型、通长甲板、桥楼设在中部稍后，简直就是“相模”号补给舰的放大改良版。不同的是，“十和田”级的干舷比“相模”号高出近一倍，可以有效防止海浪冲击到甲板上而影响补给作业的安全；舰体明显外飘，在起到抑制海浪作用的同时也增加了舰体内部空间。舰体不设开口，采用全封闭设计，适航性及耐波性都有了较大提高。

与“相模”号相比，“十和田”级的舰体明显加长加宽，舰体更为丰满，装载能力也较前者有了较大提高，补给能力也大为增强。每艘舰可装载舰用燃油 6500 吨、航空燃油 200 吨、润滑油 150 吨，粮食及蔬菜等生活补给品 600 吨。弹药库中可以装载 150 吨的导弹、鱼雷、炮弹等武器，每次可输送弹药 1.5 吨。

该级舰中前部仍布置各种补给设施，与“相模”号完全相同，但配备有全自动化的舰内燃料 / 物资输送装置，补给品全部实现了自动化传送，运输效率明显提高。每艘船的两侧各设有 2 个海上补给点，一个只负责补给油料，另一个负责输送油料或储备物资。该级舰未设机库，舰艉与“相模”号一样设有 1 个直升机甲板，可起降 CH-53 之类的重型运输直升机，与“相模”号相比其垂直补给能力并没有提高。

该级舰长 167 米，舰宽 19 米，吃水 8.1 米；标准排水量 8150 吨，满载排水量 15850 吨，最大装载能力 8000 吨；为了保持与舰队同步，装备 2 台功率更大的增压柴油机，航速可达 22 节 / 小时；由于载油量增加，其续航力比“相模”号增加了 15%，以 18 节速度航行时续航力达 11000 海里。

该级舰装有 1 部日本无线电公司生产的 OPS18-1/28E 对海搜索雷达，1 部 OPS-20 导航雷达，以及 4 部六联装 Mk36 SRBOC 箔条诱饵发射装置。与“相模”号相同，该级舰也未安装武器系统，海上执行任务时主要由作战舰艇提供安全保障。除了担负海上补给任务之外，该级舰内还设有较为完善的医疗设施，用于满足舰队长期在外海活动时所需的医疗服务。

主要参数			
轻载排水量	8100 吨	最大航速	22 节
满载排水量	15850 吨	最大航程	11000 海里
舰　　长	147 米	编制人数	143 人
舰　　宽	22 米	舰 载 机	1 个直升机起降平台
吃　　水	8.1 米		

日本“十和田”级补给舰“十和田”号

（十）日本“摩周”级补给舰

“摩周”级是日本海上自卫队装备的最新一代大型高航速舰队综合补给舰，美国海军将其划分为快速战斗支援舰（AOE）。该级舰是日本海上自卫队最重要的海上补给力量，是未来日本海上自卫队新型机动舰队的重要组成部分，标志着日本海上自卫队的远洋作战能力又有了新的提高。

该级舰现有2艘，分别为“摩周”（ましゅう/Mashu）号和“淡海”（おうみ/Omi）。其中，“摩周”号由三井重工玉野工场建造，2002年1月21日开工，2003年2月5日下水，2004年3月15日服役，基地位于舞鹤；“淡海”号由日立重工舞鹤工场建造，2003年2月7日开工，2004年2月19日下水，2005年3月3日服役，基地位于佐世保。

该级舰采用长艏楼、球鼻艏、平甲板、方尾设计。舰体首次采用双层设计，共有15个隔舱，其中第5～9隔舱之间布置了双层结构的燃油舱、淡水舱和压载水舱。舰体中前部全部为各种补给设施，中后部为巨大的舰桥，内部共分为7层，舰员全部居住1～5层。前部专门留有1处面积540平方米的空地，可以放置30个40英尺标准集装箱。舰上布置有模块化设计的医疗舱室，最多可安置100名伤员接受治疗。

舰桥前有3座巨大的补给门架，每个门架左右各有2个补给站，中部的补给站负责干货补给，前后2座补给站负责液货补给，另外还设有4部吊车。补给站上方为多个巨大的存储舱室，可装载各种补给品近16000吨。其中，

舰艇燃料10000吨、航空燃料650吨、弹药450吨、润滑油180吨、粮食以及蔬菜等生活补给品1200吨、淡水850吨，可为10艘驱逐舰补充2次燃油，以及至少40天的淡水和食品。

舰艉部为长度近40米的巨大直升机起降平台及大型固定式直升机机库，可以存放、起降日本海上自卫队的各型直升机，一般为SH-60J。机库中有较为完善的保养、维护设备，可保证直升机常驻舰上，能够满足直升机在海上长期执行任务的要求。该级舰还能够搭载MH-53E，用于执行远洋扫雷任务，并可作为海上扫雷编队的旗舰，指挥整个扫雷编队的海上作战，同时为整个舰队提供海上后勤及航空支援。

为提高隐身性，舰桥侧壁向内倾斜，桅杆也采用了低反射截面的整体式设计。舰体后部的烟囱带有红外抑制装置，可以最大程度地降低红外信号强度。全舰设有海水喷淋系统，用于防化洗消和降低红外信号强度。2台燃气轮机分别布置在两个相互隔离的舱室内，可以避免1台主机损坏而使全部动力装置瘫痪，并且动力装置还采用了大量的减震、降噪措施，可以大幅度减少机械震动。

舰上装有对海搜索雷达、导航雷达、直升机引导雷达、全球定位系统、卫星通信系统、电子侦察系统以及4座MK36干扰弹发射装置、1具拖曳式鱼雷诱饵干扰装置。舰艏及舰艉各装有1座最新型Block-1B“密集阵”近防系统，并可根据需要安装多座12.7毫米机枪。

日本“摩周”级补给舰“摩周”号

主要参数			
标准排水量	13500 吨	最大航速	25 节
满载排水量	25000 吨	最大航程	11000 海里
舰　　长	221 米	编制人数	145 人
舰　　宽	27 米	主要武器	2 座 20 毫米“密集阵”近程武器系统
吃　　水	8 米	舰 载 机	1 架 SH-60J 直升机

三、补给舰背后的故事

胜利大营救

这是一段尘封已久的故事。第二次世界大战爆发后，德国派出袖珍战列舰“格拉夫 施佩”海军上将号前往大西洋海域，担负攻击英国商船，切断南大西洋英国的海上运输线的任务。为了保证“格拉夫 施佩”号的作战需要，德国人还专门为其配备了“阿尔特马克”号补给舰。

“阿尔特马克”号不仅是一艘补给船，还是一艘监狱船。该舰全长178米，宽22米，吃水9.3米，排水量20850吨，最高航速21节，续航能力12500海里/15节，舰员208人，装备有3门150毫米舰炮、2门37毫米舰炮和4门20毫米舰炮。“格拉夫 施佩”号每次击沉英国商船后便将俘虏的英国船员转移到“阿尔特马克”号上。

1939年12月13日，“格拉夫 施佩”号与英国巡洋舰“埃克塞特”号、“阿贾克斯”号和“阿基里斯”号发生激战，4天后，负伤后的“格拉夫 施佩”号被迫自沉。为了躲避英国军舰的搜索，此时，载有300余名英国俘虏的“阿尔特马克”号在南大西洋已成功隐蔽长达2个月之久。当它确信英国舰队在海上的搜索行动已经结束后，开始试图趁机退回德国。

1940年2月12日，“阿尔特马克”号抵达挪威海域。2月13日，由非利普维安上校指挥的英国第4驱逐舰分队整装待发，准备开始新一轮的搜索。第4驱逐舰分队由“哥萨克人”、“锡克人”、“努比亚人”、“艾凡霍”、“无畏”号4艘驱逐舰和“林仙”号1艘轻巡洋舰组成。晚上10时，一队带着步枪、刺刀、钢盔和攀网的士兵登上了第4驱逐舰分队的旗舰“哥萨克人”号。

2月14日早晨，驶入挪威海域“阿尔特马克”号被巡逻的挪威鱼雷艇“特里格”号拦下，一名挪威海军军官登上“阿尔特马克”号并要求进行搜船。当“阿尔特马克”号舰长说这只是一艘无武装的油轮时，这名挪威军官不仅没有进行检查，还派了一

名引航员为其带路。

入夜时分，“阿尔特马克”号到达阿勒松德港。此时，又有一名挪威军官登上了“阿尔特马克”号，仅仅向舰长询问了一些情况，仍未对该船进行检查。为了避免惊动海岸旁的数百艘挪威渔船，引航员要求“阿尔特马克”停在港内锚泊过夜。

“阿尔特马克”号舰长假装答应下来，但谎称锚链绞盘被冻住，无法下锚，于是立即启航，驶出港口，并甩开了跟在它后面的“特里格”号。

不久，另一艘挪威鱼雷艇“斯内格”号再次将“阿尔特马克”号拦下，不过，和前两次一样，艇长也只是简单地问了一些问题，也没有对“阿尔特马克”号进行检查。

当“阿尔特马克”号大摇大摆地抵达卑尔根正北海域时，“阿尔特马克”号又被挪威驱逐舰“加尔姆”号拦下。这一回，“加尔姆”号舰长要求搜船，不过，遭到“阿尔特马克”号舰长的拒绝。于是，德国补给舰被勒令离开挪威卑尔根海域，随即舰上的挪威引航员和“加尔姆”号舰长一起下了船。

为了探听“阿尔特马克”号的消息，英国人也是煞费苦心。当得知“阿尔特马克”号被拦截的消息后，英国驻挪威大使馆立即将情况通报给了英国海军部。此时，英国的第 4 驱逐舰分队就在“阿尔特马克”号以南不远处。

得到报告后，时任英国海军部长的温斯顿　丘吉尔迅速下达命令，“找到它，将它驱逐出挪威海域，然后登上它，解救我们的船员。”

话说起来简单，但是真要找到这艘德国补给舰确实还不是一件容易的事，因为还没有人知道它到底长得什么样。于是，英国军舰对航行过程中所遇到的每一艘补给舰模样的船都进行了检查，但都没有发现“阿尔特马克”号的踪影。

2 月 16 日 8 时 25 分，2 架“赫德逊”式巡逻机加入到搜索行列。12 时 50 分，1 架飞机发现了一艘朝南航行的油船，数分钟后，飞行员准确地辨认出那正是“阿尔特马克”号！随即，该机立刻发出信号“发现敌船！”。

14 时 15 分，“林仙”号驶抵“阿尔特马克”号附近，“艾凡霍”和“无畏”号也正在赶过来。“林仙”号先是向“阿尔特马克”号发出信号，要求它将航向转西驶入公海，但“阿尔特马克”号根本不听。15 时 15 分，当“阿尔特马克”号驶近约星峡湾入口时，2 艘英国驱逐舰靠上前去再次警告其停船，“阿尔特马克”号依然不理会英舰的警告继续航行。

当时挪威还是一个中立国，因此英国舰艇在其领海内不能采取军事行动，只能迫使“阿尔特马克”号驶入公海后才能实施拦截。看着依旧我行我素的“阿尔特马克”号，英国人实在是忍无可忍，决定不顾挪威的中立地位对其开炮。

首先，“无畏”号朝“阿尔特马克”号开了 2 炮，但由于操纵过急均未命中，其中 1 发炮弹还打到了挪威的海岸上。

炮声过后，挪威海军“斯卡尔夫”、“克耶尔”号鱼雷艇和“菲瑞尔恩”号巡逻艇立即赶了过来，横在英国军舰前面，令其无法开炮。“阿尔特马克”号趁机从布满浮冰的狭窄入口溜进了约星峡湾。

当天黄昏，“哥萨克人”号驶抵约星峡入口，维安上校与挪威方面举行谈判。虽然英方强调“阿尔特马克”号可能载有英国战俘，但挪威方面解释说“阿尔特马克”号已在卑尔根接受到检查，并未发现有什么问题。

于是，维安上校将这一情况通报给英国海军部并等待下一步的命令。没过多久，海军部长温斯顿·丘吉尔亲自发布命令：协助挪威方面将“阿尔特马克”号送到卑尔根重新接受检查，如果挪威方面不愿意就强行登上“阿尔特马克”号，若挪威军舰再出来干涉，则开炮给予警告；若挪威军舰开火，则在万不得已时才能回击。

22 时，“哥萨克人”号驶入漂满浮冰的约星峡湾。在峡湾入口，维安上校将丘吉尔的命令简要通报给挪威鱼雷艇“克耶尔”号，希望其予配合，但挪威方面借口自己的舰艇太小拒绝合作。

23 时 12 分，“哥萨克人”号载着 3 名军官和 30 名水兵朝“阿尔特马克”号驶去。“阿尔特马克”号打开探照灯，企图将“哥萨克”号舰桥上的人员眼睛照花，并用

舰尾朝“哥萨克人”号猛撞。幸亏英军舵手躲避及时，并未造成重大损伤。

在一阵呼喊声中，英军官兵跳上了“阿尔特马克”号的甲板。经过一阵近身肉搏，4 名德国船员被击毙，另有 5 人受伤，还有 1 名德国船员落水，不过等他被英国水兵救起时已被冻死。其他德国船员则踩着海面上的大块浮冰跑到了岸上。搏斗中，英军只有 1 人受伤。

此时，“阿尔特马克”号已被英国人牢牢控制。随后，登船队员开始一个舱室又一个舱室地搜寻英国战俘。一个舱口被打开后，队员们冲着黑洞洞的舱室喊道，“底下有英国人吗？”只听得底下一片欢呼声：“是我们的海军，我们的海军来了！”

23 时 55 分，303 名英国战俘跟随“哥萨克人”号驶出约星峡湾。次日，这场营救行动便见诸于世界各大报纸的头版。2 月 17 日，“哥萨克人”号载着英国被俘人员驶抵利思港，受到了英雄凯旋般的欢迎。

“阿尔特马克”号事件过后，挪威向英国政府提出“强烈抗议”，理由是英国驱逐舰的行动侵犯了挪威的中立。在当时的情况下，挪威的这种“抗议”无非是做给德国人看的。可惜挪威的中立没能维持多久，几个月后，德军便全面占领挪威。

德军占领挪威后，便在约星峡湾竖了一块纪念牌，正反两面均用德文写道：“1940 年 2 月 16 日在此地，‘阿尔特马克’号受到了英国海盗的袭击”。

1944 年盟军解放挪威时，这块纪念牌被英国空降兵获得。后来，其中的一面赠予了已升任为海军上将的菲利普·维安，另一面则一直由英国空降部队保存，陈列于奥尔德肖特市的英国空降兵博物馆。